はじめての
ワイン法

蛯原 健介

Introduction
au droit
viti-vinicole

虹有社

はじめてのワイン法　目次

ワイン法とは何か?

ワイン法を知る

第五章　原産地呼称を知る

日本の現行法はどうなっているか?

ワイン法と世界

はじめてのワイン法

収穫期を迎えたフランス・ブルゴーニュ地方「クロ・ド・ヴージョ」のブドウ畑（著者撮影）

ワイン法とは何か?

第一章

ワイン法とは何か？

どの国にもあるワイン法

ワイン法の多義性

法学部に入学してくる学生たちは、それまで法律の勉強をしたことがなくても、民法や刑法といった法律があることを知っています。しかし、ワイン法についてはどうでしょうか。そんな法分野があることを知って、驚く学生がほとんどです。確かに日本には、「ワイン法」という名称の法律はありませんが、ワインに関わるさまざまな法規範が存在します。

筆者が２００５年にワイン法の研究に取りかかったころは、日本でワイン法が話題になることはまれでしたが、最近では少し状況が変わってきたようです。ただ、日本にもワイン法が必要だという認識が広まりつつある一方で、その中身の話になると、人によって意見がバラバラで、しかも論点が多岐にわたるので、すぐ議論が拡散してしまいます。

ワイン業界の関係者であっても、「ワイン法とは何か？」と質問されて、皆同じ答えを返すとは限りません。ソムリエの人にとっては、原産地呼称制度のことかもしれませんし、消費者の中には、酒税法と同義に考えている人もいるでしょう。またヨーロッパでは、しばしば農業政策の一環としてワイン法が語られます。ワイン法に関する国際学会として１９８５年に設立された「国際ワイン法学会」という学会がありますが、そこで取り上げられているテーマは、ブドウ栽培から添加物や健康の問題まで、多種多様です。

最も広い意味でとらえるならば、**ワイン法とは、「ブドウ畑を取得するところから、ワインが消費されるまでのあらゆる過程を統制する規範の総体」**と定義されるでしょう。ワイン造りはブドウ栽培から始まりますが、ブドウを栽培するためには、畑や苗木が必要です。ワインが瓶詰めされた後は、出荷、輸出、輸入、販売など、さまざまな段階を経て消費者に届けられます。ワインを飲んだ後は、瓶のリサイクルが問題になります。この各段階において、法が関わってくるのです。

ワイン法の普遍的内容

ワインが生産されているほとんどの国には、ワイン法があります。もちろん、内容には違いも見られますが、各国のワイン法で必ず規律されている事項がありま す。それはワインを造る以上、決めておくべき最低限のルールでもあります。

①ワインの定義

ワインとは何なのかという法律上の定義です。

②原産地呼称

簡単にいえば、産地を名乗るためのルールです。

③ラベル表示のルール

ラベルに記載されているのは、産地名だけではありません。ラベルに書くべきこと、書いてはならないことを決めておく必要があります。

この三つは、ほとんどの国のワイン法に何らかの形で規定されています。国や地域によって、定められた内容には違いがありますが、普遍的に規律されなければならない事項だといえます。

ほかにも、栽培や醸造に関するルールを含めて、ワイン法という場合もあります。原産地呼称を使用する条件として、各産地で栽培や醸造のルールが定められていることが少なくありません。ワイン法のひとつの模範とされるのは、フランスのワイン法と、ヨーロッパの大多数のワイン生産国が加盟する欧州連合、すなわちEUのワイン法です。フランスやEUのワイン法は、ソムリエの試験にも出題されるので、すでに知っている人もいることと思います。

どうしてワインが法と関わるのか？

ワインは食品や農産物の中で、最も厳格に規律されている商品です。古くは、古代ローマの時代からワインは法令によって規律されてきました。では、どうしてワインは法と関わるのでしょうか？　またワインに限って、どうして厳しい規制が必要になるのでしょうか？

ワインについて多数の著書がある弁護士の山本博先生は、『世界のワイン法』（山本博・高橋梯二・蛯原健介著　日本評論社）の中で、「ワインに法が不可避的に伴った」理由として、次の三つを挙げています。

一つ目は、近代以前のヨーロッパにおいて「**ワインが水に替る必需品だった**」ことです。今でこそ安心して水道水を飲むことができますが、近代以前、生水の飲用は、腸チフスなどに感染する可能性が高く、大変危険でした。これに対して、ブドウを原料とするワインは、生水よりも安全だったことから、生活必需品と見なされ、今よりもはるかに大量に消費されていたのです。

二つ目は、「**ワインの持つ特性**」によるものです。ワインは健康に良いといわれる一方で、アルコールを含んだお酒であるのは事実です。暴飲や泥酔は、宗教上の戒律によって、戒めの対象とされてきました。今日では、未成年者の飲酒は違法とされ、飲酒運転の厳罰化が叫ばれています。ヨーロッパでは、アルコール類の広告が厳しく規制され、ワインの消費を促すようなテレビやラジオ番組の放送も禁止されています。

三つ目は、ブドウ畑とワインが「**重要な財産**」であったことに関わります。優れたブドウ畑からは、優れたワインが生まれます。そして、その評価が高まってくると、その畑や産地を称した偽物のワインも出回ります。そうした不正行為を防止するためには、法律で産地表示などのルールを定めることが不可欠です。

古くから**ワインは交易品**と見なされ、国境を越えた市場が形成されていました。もともとは、主にヨーロッパ諸国でワインが生産され、もっぱらヨーロッパ内で消費されていたのですが、20世紀後半以降、北米や南半球など、世界各国でワインが造られるようになり、ワイン市場が激変しました。そのきっかけになったのが、1976年の「パリ試飲会事件」です。著名人を集めて開催された試飲会で、アメリカ合衆国産のワインが、フランスの名だたるワインに圧勝してしまったのです。

ヨーロッパのワイン消費が落ち込む一方、比較的手頃な価格の新興生産国のワインが世界的に大きくシェアを伸ばしました。その結果、ヨーロッパの伝統的な生産国のワインが売れなくなり、生産者は苦境に追い込まれています。

こうした需要と供給の不均衡を解消するには、ブドウの栽培を制限し、ワイン生産を抑制しなければなりません。そのために、法律に基づいた権力的な介入が必要となるのです。このような法的規制は、20世紀後半に市場が激変するよりも、はるか昔、古代ローマのころから何度も試みられてきました。

なぜワインだけ特別なのか？

ところで、「ワイン法を作るのなら、日本酒法やビール法も作らなければならないのではないか？」、そんな疑問も出てくるのではないでしょうか？　しかしワインは、ビールや日本酒といった酒類とは、決定的に異なる特殊性をもっています。その特殊性について考えてみましょう。

ビールもワインと同じように、昔から飲まれてきたお酒です。しかし、ワインがブドウのみを原料とするのに対して、ビールは麦だけでは造れません。麦のほかに、ホップや水などが使われていて、それだけ醸造に人の手が加わっています。

ビールには上面発酵や下面発酵など、いくつかのタイプがあって、味わいに違いが見られますが、日本ではビール市場が大手ビール会社の寡占状態にあるからでしょうか、品質や価格という点では、それほど大きな違いはないようです。一般的なビールは、350ミリリットル1缶200円程度。100円くらいで売られている第三のビールに比べて2〜3倍くらいの価格差はありますが、1缶2000円とか、2万円といったビールは見たことがありません。

日本酒は、原料の米の産地によって味が変わるといわれています。そのため、ビールよりは産地の個性が商品に反映されているようです。しかし、数百メートル離れた田んぼの米を使っただけで、品質に劇的な差が生じ、たちまち数倍もの価格差が生じることはまれでしょう。醸造年による違いが品質に与える影響も、大きくありません。また一部の例外を除けば、日本酒にもそれほど大きな価格差はないようです。

これに対して、ワインはどうでしょうか。

同じ品種のブドウを使っても価格差は千倍以上

ワインの原料はブドウですが、ブドウにはさまざまな品種がありま す。写真はその一つのシャルドネという品種です。この品種は、フランス・ブルゴーニュ地方原産といわれ、高品質な白ワインの原料として使われています。実際にブルゴーニュ地方に行くと、「シャルドネ」という名前の村があって、地元の人たちは「ここがシャルドネの発祥の地だ」と言っています。

シャルドネは、今や世界各国で栽培される国際品種となっています。日本でも、南は宮崎県から北は北海道まで植えられており、なかには国際的なコンクールで受賞したワインもあります。日本のシャル

世界各地で栽培されている白ワイン用品種のシャルドネ。ブルゴーニュ地方原産といわれています。　（著者撮影）

ドネのワインは比較的高価ですが、チリ産なら1本５００円以下で見つけることもできるでしょう。

一方、フランスのドメーヌ・ド・ラ・ロマネ・コンティ社の「モンラッシェ」というワインがあります。シャルドネ１００パーセントのワインです。ブルゴーニュ地方の畑で栽培されたシャルドネを使っているのですが、１本50万円以上の値を付けています。５００円のチリワインと同じ品種を使っていながら、同じ容量のボトルで、どうして千倍もの差が生じるのでしょうか？

この価格差は、さまざまな要因に由来します。たとえ品種や容量が同じでも、生産者、ヴィンテージ（収穫年の気候条件）、栽培方法、醸造方法などで、ワインの品質や価格は大きく変わってきます。しかし、最も顕著な差をもたらすのは、ブドウの産地であり、畑であり、土壌であると思います。なぜなら**ブドウは、その土地の性質を味わいに強く反映する特徴をもっている**からです。

ブルゴーニュにはモンラッシェに限らず、優れた評価を与えられた畑や村が多数存在します。しかし有名であるだけに、その畑名や産地名を不正に名乗る「まがい物」が出てこないとも限りません。産地による価格や品質の差が顕著であればあるほど、産地の表示がますます重要になります。ワインの場合は、産地を名乗るためのルールをはじめとして、法律による規制が不可欠なのです。

ワイン法の目的とは？

次に、ワイン法の目的について考えてみましょう。

19世紀後半から20世紀前半にかけて、フランスで「ワインの定義」、「原産地呼称」、「ラベル表示のルール」を中核とする現代のワイン法の概念が確立します。そのワイン法の目的は、一体何だったのでしょうか。

当時、フランスでは、産地偽装や、乾燥ブドウやブドウの搾りかすを使ったり、アルコールや水を添加したりしたワインの模造品が横行していて、真面目にワインを造っていた生産者たちは、造ったワインがさっぱり売れずに困っていました。そこで、彼らは偽物のワインから本物のワインを守るよう、繰り返し政府に要求。これがワイン法の制定へとつながっていきます。従って、ここでは「**善良な生産者の正当な利益の保護**」や「**消費者の保護**」が、ワイン法の目的であったと考えることができます。

フランスのワイン法が採用した「原産地呼称制度」は、ワインの品質の確保にも寄与するものです。原産地呼称制度の下では、指定された産地の原料を使うだけでなく、使用品種など、一定の品質上の条件をクリアしなければ、産地名を名乗ることができないとされているからです。ですから、ある原産地呼称を表示しているワインであれば、一定の品質を備えていることが保証されるのです。この制度は、ＥＵ法に取り入れられ、さらにワイン以外の食品や農産物にも対象が拡大されました。

さらに、ワイン法の目的として、「**ワイン産業や農業の振興**」が掲げられることもあります。ワイン造りは、ブドウの栽培から始まります。ワイン産業を振興することとは、農業を振興することでもあります。本来、ワイン造りは農業の問題としてとらえられるべきものです。ですから、ＥＵでワイン法の問題やワイン市場の統制について議論するときは、各国の農業大臣が集まることになっているのです。

最後に、ワイン法の目的として近年特に強調されているのが「**環境保全**」です。ブドウ栽培やワイン醸造のみならず、流通過程や消費においても、ますます自然環境への配慮が求められるようになっています。

ワインを造るのは人ですが、ブドウの実りは自然環境のたまものです。自然環境にダメージを与えるような栽培や醸造は、ワイン造りを持続不可能なものにしてしまいます。また気候変動も、ワイン造りに大きな影響を与えることが懸念されています。

同時に、ブドウ畑の景観を保全しようという取り組みも広がっています。フランスのサン・テミリオン、ポルトガルのドウロ（ポートワインのブドウの原産地）、スイスのラヴォーといったワイン産地やブドウ畑は、世界遺産に登録されています。

将来の世代のために、ワイン造りの伝統のみならず、良好な自然環境やブドウ畑の景観を維持し、守っていくことも、私たちの義務ではないでしょうか。

ポルトガル・ドウロのブドウ畑。ドウロ川沿いの急斜面にブドウ畑が広がり、美しい景観を形成しています。2001年に世界文化遺産に登録されました。　（著者撮影）

何が問題なのか？

憂慮すべき日本の現状

ワイン法をもっているのは、ヨーロッパ諸国だけではありません。ワインの新興生産国であるオーストラリアやアメリカ合衆国にもワイン法が存在し、一定のルールの下でワインが造られています。しかし、日本は、どうでしょうか？　残念ながら、それらの国々に匹敵するような体系的なワイン法を完備しているとは、とても言えない状況です。

ここで、ワイン法をめぐる日本の現状について、簡単に問題点を整理しておきたいと思います。前述したように、ワイン法の普遍的内容として次の三つがあります。

①ワインの定義

②原産地呼称（産地を名乗るためのルール）

③ラベル表示のルール

残念ながら日本では、そのいずれも不明確であったり、定義やルールが不十分であったりする状態です。そのため、さまざまな問題が生じています。いくつかの具体例を紹介しましょう。

まず、①のワインの定義の問題です。

フランス法やEU法をはじめ、多くの生産国では、ワインについての法律上の定義が存在します。法律で定められた要件を満たしていないものは、ワインという名称で販売・流通することは禁じられているのです。

フランスでは、19世紀後半にはワインの明確な定義が法律で定められています。1889年のグリフ法という法律です。そこでは、新鮮なブドウ（raisin frais）または新鮮なブドウの果汁（jus de raisin frais）を発酵（fermentation）させたものだけが、排他的にワインと名乗ることができるとされたのです。

この法律によって、ブドウ以外の原料を使ったものや、ブドウの搾りかすや乾燥ブドウを使ったものをワインと称することが禁止されました。もちろん、アルコール発酵していないものもワインと名乗ることはできません。この定義と同様の規定は、現在のＥＵワイン法にも置かれています。

日本にもそのような定義があるのでしょうか？

日本では、酒税法やその関連法令によって、ワイン造りや流通が規制されています。酒税法は、「果実酒」と「甘味果実酒」について定義していて、「ワイン」について何も定義していません。ワインは通常、酒税法上の「果実酒」に分類されます（ちなみに、オークチップを使ったワインは、果実酒ではなく「甘味果実酒」に分類されます）。

アルコールを含まない「ノン・アルコール・ワイン」はまだ良いとしても、「梅ワイン」、「りんごワイン」、「みかんワイン」などがあふれています。しかも、ブドウ以外の原料を使っているものほど、大きく「ワイン」と表示しているのではないかと思われるほどです。ワインのつもりで、うっかり「いちごワイン」を買ってしまったという失敗談を聞いたこともあります。

ワインはブドウのみを原料としたものであることを明確に定義し、それ以外の原料を使用した場合には、ラベルに断り書きを記載すべきではないでしょうか？　あるいは、少なくとも、「ワイン」という文字を大きく書くことを規制する必要があると思います。

またフランスでは120年以上前に禁止されている、ブドウの搾りかすや乾燥ブドウを使って造ったものも、日本の酒税法上は認められているのです。甘くないブドウを収穫して、その果汁に大量に糖分を添加して、アルコール濃度を上昇させて造ることも日本では可能です。きちんとしたワインの定義が欠如しているがゆえに、諸外国ではおよそ許されないような方法で、醸造が行われることになってしまっています。

さらに問題なのは、日本国内の「ワイン工場」で製造され、安価な国産ワインの多くを占めている、いわば「工業製品」としてのワインです。

原料表示の問題

日本国内には、北海道から宮崎県まで、200軒以上のワイナリーがあり（2014年現在）、さらに今後も増加傾向にあると指摘されています。このまま増え続けると、将来は300軒近くにまでなりそうです。しかし、それでも日本人の消費量全体をカバーできる量は生産できません。国内のワイナリーで生産されているワインの量*1は、日本人のワイン消費量全体のおよそ3分の1にとどまっています。日本人が消費しているワインの3分の2は、輸入ワインなのです。

*1　国税庁の統計情報によれば、2012年の日本の果実酒製成数量は、8万6502キロリットル（約86・5万ヘクトリットル）となっています。

最近では、日本のブドウを100パーセント使用した「日本ワイン」や「純国産ワイン」が注目を集めています。しかし、その一方で、日本のブドウを100パーセント使用したワインではない「国産ワイン」が存在することに注意しなければなりません。

日本のワイン法に相当するといわれている「**国産ワインの表示に関する基準**」[*2]というワイン業界の自主基準があって、それによれば、原料の由来がどこであれ、国内で醸造され、出荷されれば「国産ワイン」ということになっています。たとえチリ産のブドウを使っていても、日本で醸造され、ワインになったのであれば、「チリワイン」を名乗るわけにはいかず、結局、製造国としては日本になってしまうのです。

このように外国の原料で製造されたワインは、日本で醸造されているワインの過半数どころか、75パーセント以上を占めています。しかも、そのほとんどが「新鮮なブドウ」ではなく、3〜4倍に濃縮された「濃縮果汁」を原料にしたもの。濃縮果汁は、日本に輸入された後、工場で、水で薄められ、それをもとにワインが造られているのです。

最近、メディアでも、その事実が紹介されることが増えてきたので、こうした実

＊2 「国産ワインの表示に関する基準」は、道産ワイン懇談会、山形県ワイン酒造組合、山梨県ワイン協会、長野県ワイン協会、日本ワイナリー協会（会員38社、準会員3社）によるワイン表示問題検討協議会が1986（昭和61）年に制定。2006（平成18）年に改正。

態は徐々に知られているようです。そのようなワインを造っているメーカーは、同時に日本のブドウのみを使った高品質ワインを造るのにも積極的であるため、消費者にとっては、ますます紛らわしくなってしまいます。

一部には、「こうした商品が『ワイン』を称するのは許せない。だから禁止してしまえ」といった意見もあります。ヨーロッパ諸国などでは禁止されているわけですから、その意見にも一理はあります。しかし日本の、特に大手のワインメーカーにおいて、この種のワインの売り上げが重要な収入源となっている現状に鑑みると、その製造自体を禁止するのは、現実的ではなさそうです。

だからといって、このまま放置しておいてよいというわけでもありません。なぜなら、この

図1　日本で製成されているワイン（果実酒）の原料

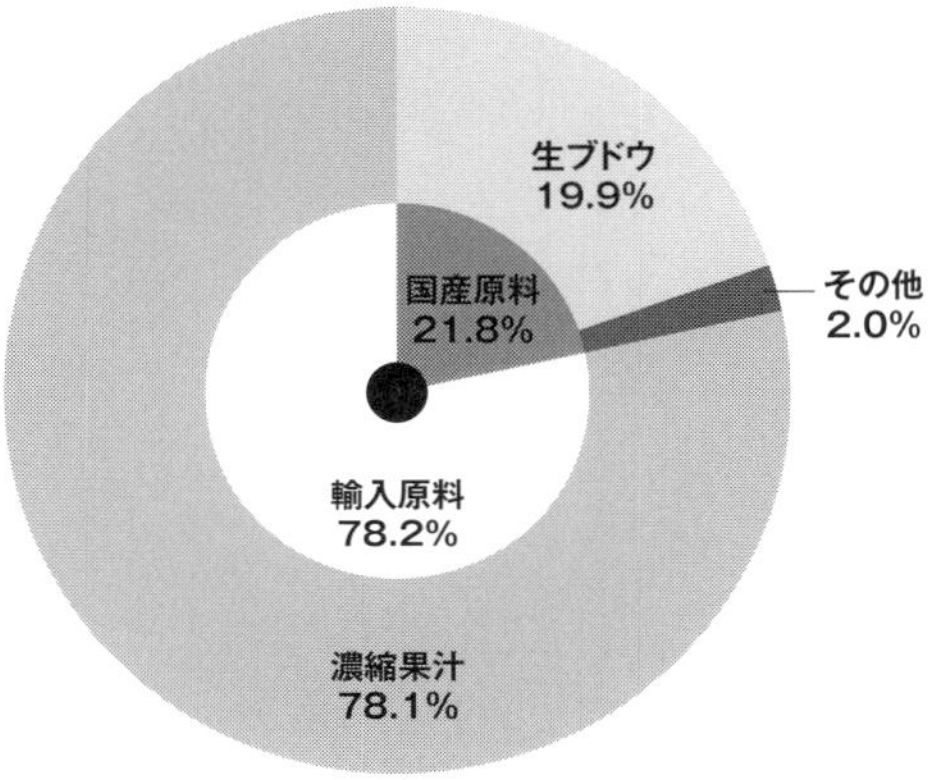

国産のブドウはわずか２割程度。日本で醸造されているワインの８割近くが、外国から輸入した濃縮ブドウ果汁を使ったものなのです。
※合計が100％でないのは、単位未満を四捨五入しているため。
（出所：国税庁「果実酒製造業の概況」〈平成24年度調査分〉）

ような「海外原料の国内醸造ワイン」を、日本のブドウを使ったワインと思い込んで買っている消費者が少なくないからです。

業界自主基準の限界

「国産ワインの表示に関する基準」によれば、外国の原料を使った場合、「輸入ぶどう果汁」、「輸入ぶどう」など、使用量の多い順に記載することになっています。ところが実際には、裏面のラベルに小さく書かれているだけで、文字の色も薄かったりするものですから、気が付かない人が多いようです。

困ったことに、そういうワインに限って、表ラベルに大きな文字で「酸化防止剤無添加」とか、「ポリフェノールたっぷり」などと、健康に良さそうなことが書かれているのです。健康を意識してワインを買う人は、比較的年配の方が多いと思います。高齢の方でなくとも、細くて小さな文字は読みづらいもの。輸入原料を使ったワインであることを分かった上で購入されているのか心配です。

業界自主基準には、罰則がなく、法的拘束力もないという決定的な限界がありま す。業界をリードする立場にある大手のワインメーカーなどは、自主基準を遵守してワインを造っているようですが、すべてのワイナリーが遵守しているかどうかは、かなり怪しくなります。

「海外原料の国内醸造ワイン」の慣行を、今後も認めざるを得ない以上、そのようなワインと国産ブドウのみを使用した「日本ワイン」との区別を明確化し、法律によって確実なものにすることが必要ではないでしょうか。両者をはっきりと区別し、差別化することが、日本のワイン造りやブドウ栽培、ひいては日本の農業を支えることにもつながると思います。

法の不備が輸出のネックに

次に、②の原産地呼称と③のラベル表示のルールの現状を見てみましょう。

日本では、原料の表示のみならず、その他の表示事項についても、現状では業界自主基準に委ねられています。品種名やヴィンテージ（年号。収穫年）の表示について、一応のルールが定められていますが、その内容は国際基準に対応したものとはなっていません。例えば、２０１３年のヴィンテージを表示する場合、ＥＵなど諸外国のワイン法では、２０１３年に収穫されたブドウを85パーセント以上使用することが義務付けられていますが、日本の自主基準では75パーセント以上でよいことになっています。

日本固有のブドウ品種である甲州で造られたワインが、数年前からワインの本場であるヨーロッパの国々に輸出されるようになりました。しかし、輸出を進める段階になって、日本の生産者は、さまざまな障害に直面しました。

ＥＵの基準に適合する醸造方法に従ってワインを造りさえすれば輸出できるというわけではありません。ラベルの表示についても、ＥＵの基準を遵守しなければ輸出は不可能です。特に問題となったのは、次の二つです。

第一に、「甲州」という品種名が表示できないことが問題になりました。ＥＵワイン法では、ブドウとワインに関する国際機関である「**OIV**《オーアイブイ》(Organisation Internationale de la Vigne et du Vin　国際ブドウ・ワイン機構)」などの機関により登録されたブドウ品種でなければ、ラベルに表示できないことになっていて、さらにもう一つ、ラベル表示に関するルールが生産国内で定められていることが条件とされています。

そこで、ＯＩＶに登録を働きかけるとともに、輸出しようとするワイナリーのグループ（Koshu of Japan）の内規で、ラベル表示に関する

日本を代表するブドウ品種「甲州」は、ヴィニフェラとの交配種であると考えられています。最近では、ヨーロッパ諸国への輸出も進められています。
（写真提供：奥田大輔さん）

ルールを定めたのです。その内規は、当然EU法に従ったものになっていて、品種名を表示する場合も、ヴィンテージを表示する場合も、当該品種・当該収穫年のブドウを85パーセント以上使用することとされています。

第二の問題は、産地名を表示できないことです。**EUワイン法**は、「**地理的表示付きワイン**」と「**地理的表示なしワイン**」という二つのカテゴリーを定めていて、前者のワインにしか産地表示を認めていません。「地理的表示なしワイン」ですと、「Wine of Japan」のように国名しか書くことができず、前者のカテゴリーのワインよりも劣っているというイメージを消費者に与えてしまいます。そこで、何としても「地理的表示付きワイン」として輸出する必要があります。しかし、この「地理的表示」を得ることが非常に大変だったのです。

もし、日本が国際基準をふまえた世界的に通用するワイン法をもっていたとしたら、これらの問題は簡単に解決できたはずでした。ワイン法の整備の遅れは、輸出のネックにもなってしまっているのです。

原産地は保護されているか？

フランスワインを飲まれる方は、**AOC**《アーオーセー》、もしくは「**アペラシオン・ドリジー**

ヌ・コントロレ（Appellation d'Origine Contrôlée）」という言葉を耳にしたことがあると思います。原産地呼称統制とか、統制原産地呼称などと訳されていますが、ラベルに表示されている産地名が法的に統制・保護されていることを意味するものです。最近、EUワイン法が改正されて、新しい**AOP**《アーオーペー》、「**アペラシオン・ドリジーヌ・プロテジェ**（Appellation d'Origine Protégée）」（保護原産地呼称または原産地呼称保護）という表記に変わりつつありますが、どちらにしても、一定の要件を満たしたワインだけが、その産地名を表示することが許されるという制度です。

日本でも、長野県や甲州市の原産地呼称制度があります（「**長野県原産地呼称管理制度**」、「**甲州市原産地呼称ワイン認証制度**」）。しかし、これらの制度は、フランスのAOCやAOPとはまったく違います。

例えば、長野県の場合、不合格になったワインや基準に合致しないワインでも、「認定ワイン」として認められないだけであって、産地名として「長野」という地理的名称を書くことは許されているのです。従って、長野という産地名は、保護されているとはいえません。甲州市の制度は、条例に基づくものであり、罰則規定もありますが、基準に適合しないワインが産地名を表示することまで禁止しているわけではありません。

現在のところ、日本で保護されているといえる産地名は、２０１３年に日本で初めてワインの「**地理的表示**」に指定された「**山梨**」だけです。

「地理的表示」というのは、あまり耳慣れない言葉かもしれませんが、知的財産権の一つとされ、所定の基準をクリアしたワインだけが、その産地名を使用できるとするものです。当然、基準をクリアできなかったワインは、その地理的表示をすることは許されませんので、その産地名は保護されることになります。日本では、国税庁長官が地理的表示を指定することになっています。

「山梨」が地理的表示に指定された以上、今後は、ワインに「山梨」と表示するためには、山梨県産ブドウを１００パーセント使用すること、指定された品種を使用し、その果汁が定められた糖度を上回っていること、といった条件を満たした上で、さらに官能審査（外観・香り・味の検査）もパスしなければなりません。審査で不合格になると、たとえ山梨県産ブドウを１００パーセント使っていたとしても、ラベルに「山梨」と表示することはできなくなるのです。

　地理的表示は知的財産権であって、世界的に保護されるべきものです。世界貿易機関（ＷＴＯ）加盟国は、「山梨」と紛らわしい表示を防止する義務があります。今後は、山梨に続いて、多くの産地が地理的表示に指定され、保護されることが望ましいと思われます。

ワインの品質を法的に保証することが不可欠

「日本でもワイン法を作るべきだ」という意見を持つ人が増えている一方で、業界や自治体からは「日本ではワイン法は無理でしょう」というあきらめの声が聞こえてきます。所管官庁であるはずの財務省や国税庁も、ワイン法の制定に消極的であるか、無関心であるといわれています。ワイン法を制定しても、直ちに税収の増加に結び付くことにはならないからでしょう。

確かに、新たな法律を制定するのは、決して容易なことではありません。しかし、ワイン法があってこそ、その国で造られるワインの品質が保証されるのです。

ワインは国際商品であって、諸外国のワインが容赦なく国内市場に流れ込んできます。ワイン市場における競争は熾烈《しれつ》です。日本が優れたワインの生産国として世界に認められるためには、世界に通用するワイン法を制定し、産出されるワインの品質を法的に保証することが不可欠であるというのが筆者の考えです。

日本ワインが注目されている今だからこそ、多くの方に、ワイン法の必要性を認識していただきたいと願っています。本書の狙いも、そこにあります。

とはいえ、日本においてワイン法で定めるべき事項があるとしても、その具体的内容をどうするかは、慎重に検討しなければなりません。本書を通して、どのようなワイン法が日本にふさわしいのかを考えるための材料を提供することができれば幸いです。

第二章　ワイン法の成り立ち

古代・中世のワイン市場とワイン法

ワイン法の歴史性

　ワイン法が制定されるとき、その背景には、それを必要とする事実や出来事が存在することが少なくありません。ワイン法には何らかの立法目的があって、その目的を達成するために、しかるべき措置が定められ、適用されるのです。

　主要なワイン生産国のワイン法で定められている原産地呼称制度も、ある事実や出来事がきっかけになって立法化されたものです。原産地呼称制度の下では、産地ごとにルールが決まっていて、そのルールを遵守してワインを造らなければ、産地名をラベルに表示することができません。たとえ、その産地の畑で収穫されたブドウで造ったワインでも、指定された品種を使用し、かつ１ヘクタール当たりの収量や最低アルコール濃度といった品質上の基準をクリアしなければ、原産地呼称の使用は認められないのです。この制度のおかげで、原産地が保護され、一定の品質も保証されることになります。

フランスにおいて、このような制度が確立したのは、第一次世界大戦と第二次世界大戦の間の時期、１９３０年代の半ばでした。その背景には、ワイン市場の混乱や偽物の横行がありました。現在のワイン法は、まがい物との闘い、不正行為との闘いのなかで誕生したのです。

もっとも、ワインと法との関わりは、20世紀に始まったことではありません。人類がワイン造りを始めて以来、さまざまなルールや法令が定められてきました。なかには、今日では通用し得ないようなものもありますが、ここでは、フランスを中心にワイン法の歴史を振り返るとともに、現在のワイン法の歴史的意義を学ぶことにしたいと思います。

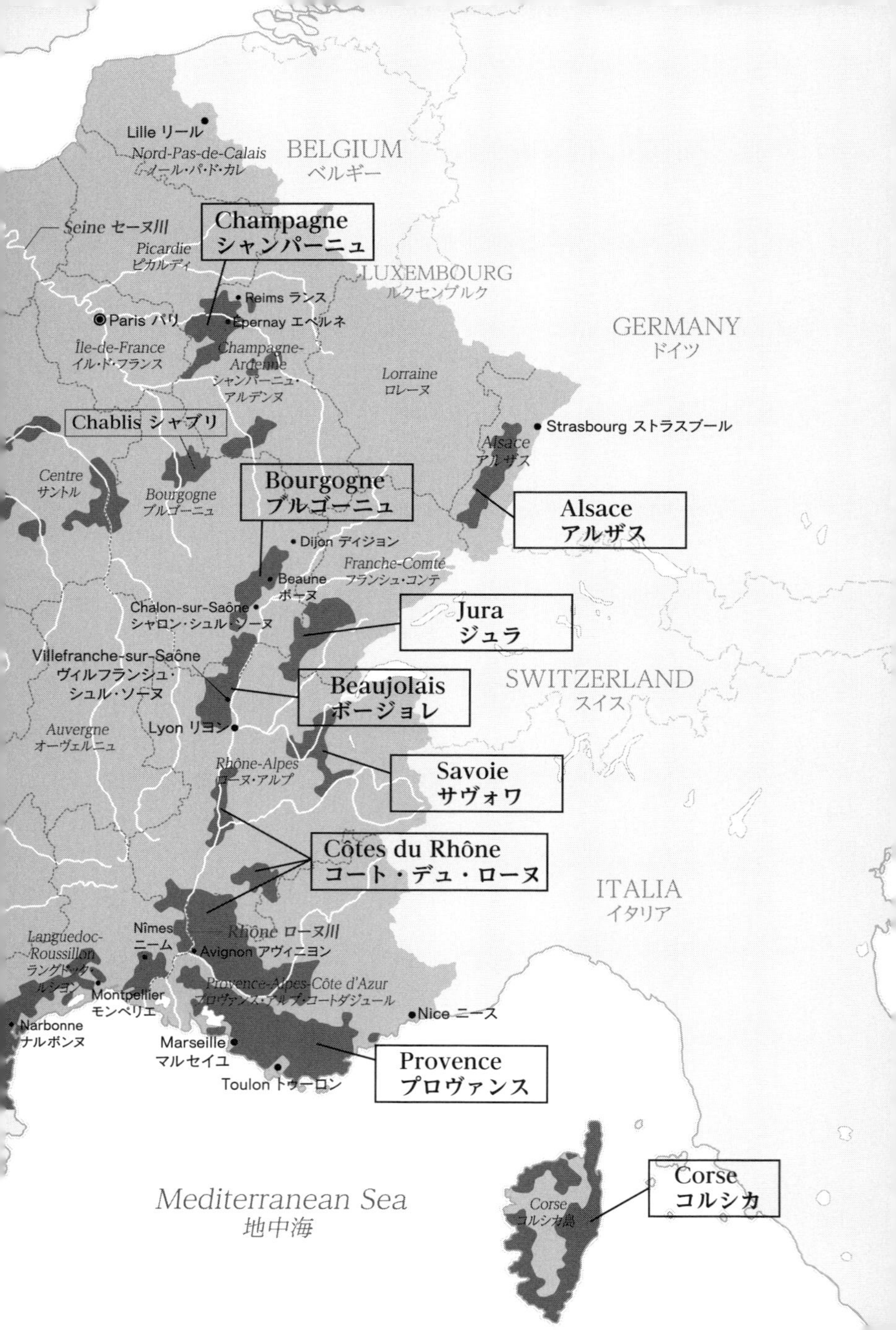

Lille リール
Nord-Pas-de-Calais
ノール・パ・ド・カレ
BELGIUM
ベルギー
Seine セーヌ川
Champagne
シャンパーニュ
Picardie
ピカルディ
LUXEMBOURG
ルクセンブルク
Reims ランス
Paris パリ
Épernay エペルネ
GERMANY
ドイツ
Île-de-France
イル・ド・フランス
Champagne-Ardenne
シャンパーニュ・アルデンヌ
Lorraine
ロレーヌ
Chablis シャブリ
Strasbourg ストラスブール
Alsace
アルザス
Centre
サントル
Bourgogne
ブルゴーニュ
Bourgogne
ブルゴーニュ
Alsace
アルザス
Dijon ディジョン
Franche-Comté
フランシュ・コンテ
Beaune
ボーヌ
Chalon-sur-Saône
シャロン・シュル・ソーヌ
Jura
ジュラ
Villefranche-sur-Saône
ヴィルフランシュ・シュル・ソーヌ
SWITZERLAND
スイス
Beaujolais
ボージョレ
Lyon リヨン
Auvergne
オーヴェルニュ
Rhône-Alpes
ローヌ・アルプ
Savoie
サヴォワ
Côtes du Rhône
コート・デュ・ローヌ
ITALIA
イタリア
Nîmes
ニーム
Rhône ローヌ川
Languedoc-Roussillon
ラングドック・ルシヨン
Avignon アヴィニヨン
Montpellier
モンペリエ
Provence-Alpes-Côte d'Azur
プロヴァンス・アルプ・コートダジュール
Nice ニース
Narbonne
ナルボンヌ
Marseille
マルセイユ
Provence
プロヴァンス
Toulon トゥーロン
Corse
コルシカ
Mediterranean Sea
地中海
Corse
コルシカ島

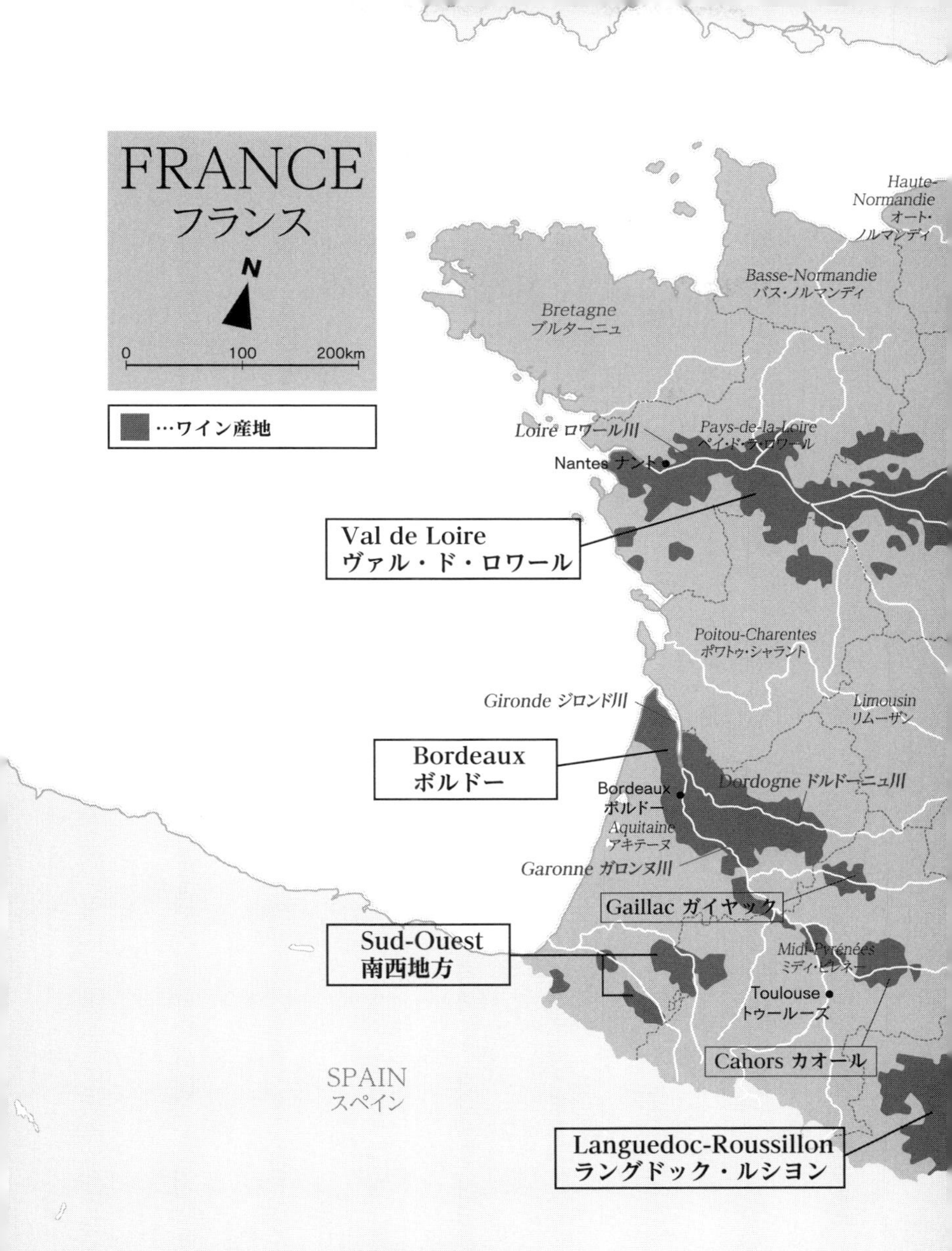

図2　現在のフランスの主なワイン産地

かつてワインは船で出荷されていました。そのため主なワイン産地は川沿いに広がっています。

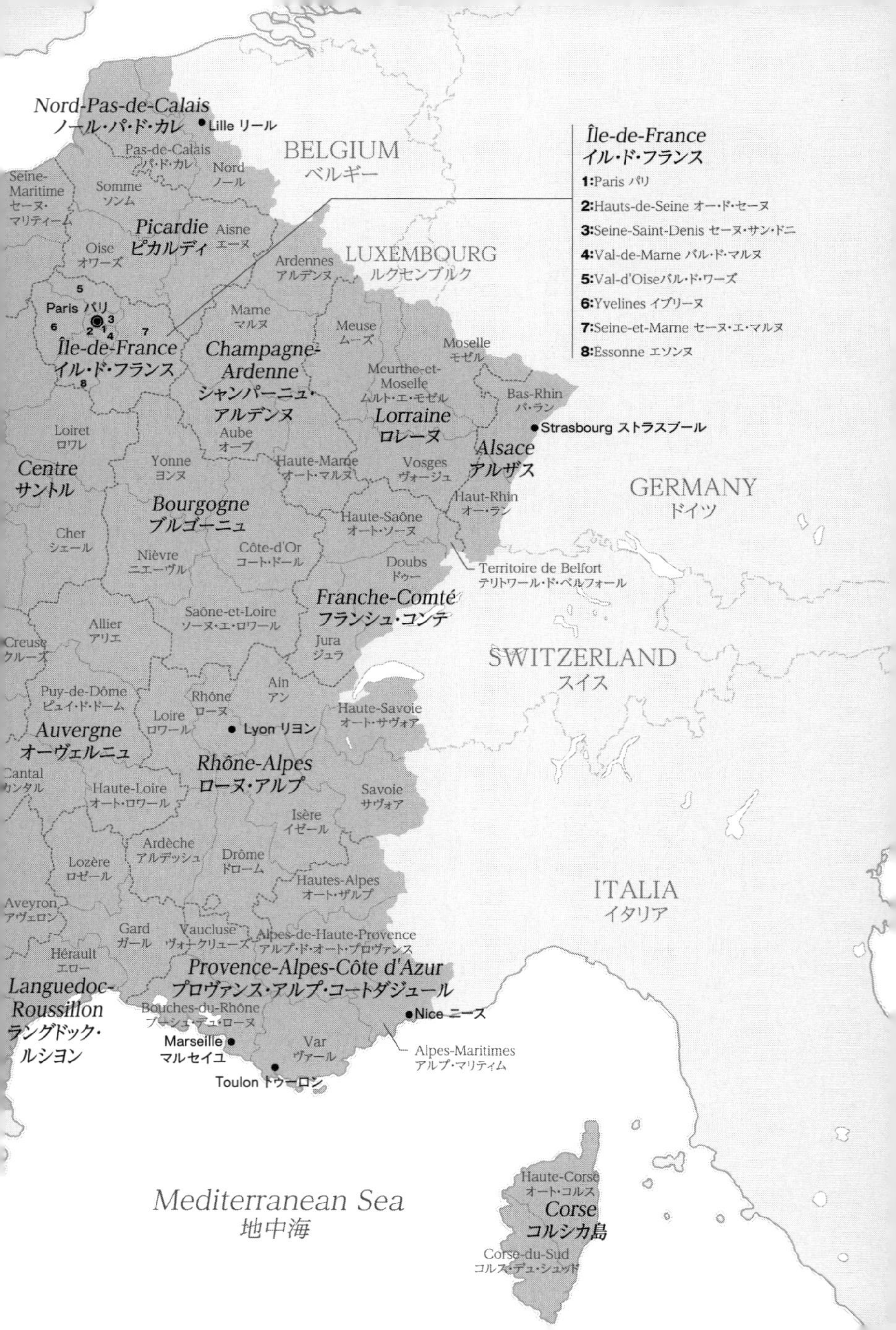

Nord-Pas-de-Calais
ノール・パ・ド・カレ
Lille リール
Pas-de-Calais
パ・ド・カレ
Nord
ノール
Seine-Maritime
セーヌ・マリティーム
Somme
ソンム
Picardie
ピカルディ
Aisne
エーヌ
Oise
オワーズ
BELGIUM
ベルギー
LUXEMBOURG
ルクセンブルク
Ardennes
アルデンヌ
Paris パリ
5
6
2
1
3
4
7
8
Île-de-France
イル・ド・フランス
Marne
マルヌ
Champagne-Ardenne
シャンパーニュ・アルデンヌ
Meuse
ムーズ
Moselle
モゼル
Meurthe-et-Moselle
ムルト・エ・モゼル
Lorraine
ロレーヌ
Bas-Rhin
バ・ラン
Strasbourg ストラスブール
Alsace
アルザス
Île-de-France
イル・ド・フランス
1:Paris パリ
2:Hauts-de-Seine オー・ド・セーヌ
3:Seine-Saint-Denis セーヌ・サン・ドニ
4:Val-de-Marne バル・ド・マルヌ
5:Val-d'Oiseバル・ド・ワーズ
6:Yvelines イブリーヌ
7:Seine-et-Marne セーヌ・エ・マルヌ
8:Essonne エソンヌ
Loiret
ロワレ
Aube
オーブ
Centre
サントル
Yonne
ヨンヌ
Haute-Marne
オート・マルヌ
Vosges
ヴォージュ
Haut-Rhin
オー・ラン
GERMANY
ドイツ
Bourgogne
ブルゴーニュ
Haute-Saône
オート・ソーヌ
Cher
シェール
Nièvre
ニエーヴル
Côte-d'Or
コート・ドール
Doubs
ドゥー
Territoire de Belfort
テリトワール・ド・ベルフォール
Franche-Comté
フランシュ・コンテ
Saône-et-Loire
ソーヌ・エ・ロワール
Allier
アリエ
Creuse
クルーズ
Jura
ジュラ
SWITZERLAND
スイス
Ain
アン
Puy-de-Dôme
ピュイ・ド・ドーム
Rhône
ローヌ
Haute-Savoie
オート・サヴォア
Loire
ロワール
Lyon リヨン
Auvergne
オーヴェルニュ
Rhône-Alpes
ローヌ・アルプ
Cantal
カンタル
Haute-Loire
オート・ロワール
Savoie
サヴォア
Isère
イゼール
Ardèche
アルデッシュ
Drôme
ドローム
Lozère
ロゼール
Hautes-Alpes
オート・ザルプ
ITALIA
イタリア
Aveyron
アヴェロン
Gard
ガール
Vaucluse
ヴォナクリューズ
Alpes-de-Haute-Provence
アルプ・ド・オート・プロヴァンス
Hérault
エロー
Provence-Alpes-Côte d'Azur
プロヴァンス・アルプ・コートダジュール
Languedoc-Roussillon
ラングドック・ルシヨン
Bouches-du-Rhône
ブーシュ・デュ・ローヌ
Nice ニース
Marseille
マルセイユ
Var
ヴァール
Alpes-Maritimes
アルプ・マリティム
Toulon トゥーロン
Mediterranean Sea
地中海
Haute-Corse
オート・コルス
Corse
コルシカ島
Corse-du-Sud
コルス・デュ・シュッド

FRANCE
フランス
N
0
100
200km
Haute-Normandie
オート・ノルマンディ
Manche
マンシュ
Calvados
カルヴァドス
Finistère
フィニステール
Côtes-d'Armor
コート・ダルモール
Basse-Normandie
バス・ノルマンディ
Eure
ウール
Bretagne
ブルターニュ
Orne
オルヌ
Ille-et-Vilaine
イール・エ・ヴィレーヌ
Eure-et-Loir
ウール・エ・ロワール
Morbihan
モルビアン
Mayenne
マイエンヌ
Sarthe
サルト
Loire-Atlantique
ロワール・アトランティック
Pays-de-la-Loire
ペイ・ド・ラ・ロワール
Loir-et-Cher
ロワール・エ・シェール
Nantes ナント
Maine-et-Loire
メーヌ・エ・ロワール
Indre-et-Loire
アンドル・エ・ロワール
Vendée
ヴァンデ
Deux-Sèvres
ドゥ・セーヴル
Vienne
ヴィエンヌ
Indre
アンドル
Poitou-Charentes
ポワトゥ・シャラント
Charente-Maritime
シャラント・マリティム
Charente
シャラント
Haute-Vienne
オート・ヴィエンヌ
Limousin
リムーザン
Gironde
ジロンド
Bordeaux ボルドー
Dordogne
ドルドーニュ
Corrèze
コレーズ
Aquitaine
アキテーヌ
Lot-et-Garonne
ロット・エ・ガロンヌ
Lot
ロット
Landes
ランド
Tarn-et-Garonne
タルヌ・エ・ガロンヌ
Gers
ジェルス
Midi-Pyrénées
ミディ・ピレネー
Tarn
タルヌ
Pyrénées-Atlantiques
ピレネー・アトランティック
Toulouse
トゥールーズ
Hautes-Pyrénées
オート・ピレネー
Haute-Garonne
オート・ガロンヌ
SPAIN
スペイン
Ariège
アリエージュ
Aude
オード
Pyrénées-Orientales
ピレネー・オリアンタル

図3　現在のフランスの州と県

ワインの誕生

ところで、人類はいつごろからワインを造るようになったのでしょうか？

ボルドーに近いドルドーニュ県には、有名なラスコーの洞窟があります。洞窟の中には、今から約1万5000年前に住んでいたクロマニョン人が描いた壁画が残されています。しかし彼らは、まだワインを知りません。人間が初めてワインを造ったとされているのは、今から8000年ぐらい前のことだと考えられています。

初めてワインが造られたのは、フランスでもイタリアでもありません。黒海とカスピ海の間のコーカサス地方、今のグルジア周辺だといわれています。その後、ワイン造りはメソポタミア地方に伝わり、エジプトやギリシャに伝わっていきます。

メソポタミア南部に興ったバビロン第一王朝のハンムラビ王（紀元前18世紀ごろ）が発布した「ハンムラビ法典」には、酒に関する規定が含まれていました。しかし、そこで想定されていた酒はワインではなくて、穀物を原料にしたビールのような酒であったという理解が一般的です。メソポタミアやエジプトは、「肥沃《ひよく》な三日月地帯」と称される大穀倉地帯でした。穀物栽培が盛んであれば、その穀物を原料にした酒が主に消費されていたのではないかと推測されます。

古代エジプトには原産地呼称制度の原型があった？

古代エジプトでも、一般庶民はビールを飲んでいましたが、王侯貴族は日常的にワインを飲んでいたようです。古代エジプトのワイン造りを描いた壁画も残っています。ワイン評論家のヒュー・ジョンソンは、古代エジプトにおいて「すでにワインづくりの技術は完全に修得されていた」（『ワイン物語 芳醇な味と香りの世界史』ヒュー・ジョンソン著　小林章夫訳　平凡社ライブラリーより引用）と断言しています。

歴代のファラオの中で、もっとも有名なのは、おそらく紀元前14世紀のツタンカーメン王でしょう。彼の死は謎に包まれていますが、３０００年以上にわたってほとんど盗掘を受けなかったその墓からは、黄金のマスクをはじめとしてさまざまな副葬品が出てきました。その中には、ワインを貯蔵する容器も含まれていました。驚くべきことに、出土した容器には、醸造年、ブドウの種別、品質、醸造責任者、ブドウ園の所有者の名前が記されていたのです。これこそ、まさしく今日の原産地呼称制度の原型だという指摘もあります。

古代エジプトやギリシャ・ローマの時代、ワインはビンでも樽でもなく、「アンフォラ」と呼ばれる陶製の壷に入れられていました。多くの場合、壺は肩の両側に取っ手が付いていて、ワインの運搬や貯蔵に使われていました。壷の口は木の栓や粘土で密封され、長期間貯蔵されることもあったようです。しかし、重くて壊れやすいのが難点で、樽の使用が広まると、アンフォラは姿を消してしまいました。

朽ち果ててしまう木樽とは違って、アンフォラは壊れても破片を残します。発掘されたアンフォラを調べることで、私たちは古代のワイン交易のルートを知ることができるのです。

印章が施された古代ギリシャのワイン

ワイン造りは、古代ギリシャにも伝わっていきます。ギリシャでは、ワインが一般庶民にも日常的なものになりました。古代ギリシャの歴史家トゥキディデスは「地中海地方の人びとがオリーブとブドウを栽培するようになったとき、彼らの文明が始まった」と述べています(『ワイン物語 芳醇な味と香りの世界史』より引用)。ただし当時のワインの飲み方は、今とは全然違っていて、ストレートではなく、3~4倍ぐらいの水や海水で割って飲んでいたといわれています。そのように飲むことが、ワインの正しい飲み方だとされていたのです。

古代ギリシャにおいて、最大で最高のワイン産地として知られていたのは、イオニア沖のキオス(ヒオス)島でした。かつては「古代ギリシャのボルドー」とでもいうべき産地だったようです。キオス島産ワインのアンフォラには、スフィンクスとアンフォラとブドウの一房が刻まれていて、紀元前7世紀以降、ギリシャが交易をしたほとんどすべての国で発見されています。ナイル川をさかのぼった上エジプト、マルセイユ、トスカーナ、ブルガリア、ロシア東部などです。その特徴あるアンフォラがキオス島産ワインの目印となっていたことが想像できます。

またギリシャの都市国家アテネには、カテゴリー別にワインを分類し、印章を施すことで内容を示す制度がありました。

下のものから、有名ワインにあやかってコピーした「複製されたワイン」、2種類以上のワインをブレンドした「混合ワイン」があり、さらに、「特殊製法によるワイン」や「洗練されたワイン」といった分類になっていたようです（『ワインの歴史 自然の恵みと人間の知恵の歩み』山本博著　河出書房新社より引用）。

こうしたギリシャワインは、地中海沿岸の各地に輸出されていました。ギリシャ人にとって、ワインは単なる消費財でなく交易品でもあり、交易品として扱われる以上、ワインの品質や出自の保証が重要となることは言うまでもありません。

ローマ征服以前のガリア

今日、フランスはワインの大生産国で、毎年イタリアと年間生産量のトップを争っています。品質面でもフランスワインが世界最高水準であることは、誰もが認めるところでしょう。しかし、ブドウの原産地はフランスではありません。フランスの人びとがワインを飲むようになった当初は、輸入ワインに頼っていたのです。フランス初めてフランスにブドウを持ち込んだのは、実はギリシャ人だったといわれています。かつてギリシャ人は、地中海の覇権を握っていて、各地に植民市*1を建設していました。その一つが、現在も南仏の港町として繁栄しているマルセイユ、当時の地名でいえば「マッサリア」でした。そのマッサリアに、紀元前600年ごろ、ギリシャ人がブドウを植えたという伝説が残っています。

現在のフランスに当たる地域は、古代ローマ時代はガリアと呼ばれていて、そこには、ケルト系のガリア人*2が住んでいました。ギリシャやローマの人びとは、ワインを水で割って飲んでいましたが、ガリア人は水で割らずにストレートでワインを飲み、酔っぱらって騒いでいたようです。このような飲み方は「野蛮」だとされました。

ガリアではワインが手に入らないので、ガリア人はイタリア半島に侵入してワイ

＊1　植民市：前8〜前6世紀を中心に、ギリシャの人口増加による土地不足や、ポリス内での政治的対立から、新天地を求める者が地中海周辺各地に建設したもの。植民市は、母市から政治的には完全に独立したポリスとなった。現在のナポリ（ネアポリス）やニース（ニカイア）も同じくギリシャの植民市であった。

＊2　ケルト系のガリア人：ケルト人はインド・ヨーロッパ語系の先住民で、中西欧一帯に居住していたが、その後、大部分はローマ人・ゲルマン人に征服され、同化された。ケルト人のうち、ガリア地域に居住していた諸部族を特にガリア人という。

ンを略奪することもありました。ローマから輸入されたワインは極めて高価で、ワインのアンフォラ1つと奴隷1人が交換されていたという記録もあります。

紀元前2世紀末ごろ、南仏のプロヴァンス地方やラングドック地方が、ローマの支配下に入ります。この地方にやってきたローマの人びとは、ブドウの栽培を始めました。以来、プロヴァンスやラングドックは、今日に至るまで、世界有数のワイン生産地となります。

紀元前118年、ローマは現在のナルボンヌに、植民市「ナルボ・マルティウス」を建設。この植民市を中心に形成されたのが、ローマの属州「ガリア・ナルボネンシス」でした。そこでは、盛んにブドウが栽培され、古代ローマの博物学者大プリニウスが「もはや属州ではない。イタリアそのものだ」と言ったほどに繁栄します。ガリアのブドウ畑は、プロヴァンスやラングドックにとどまらず、西はトゥールーズやボルドーへ、北はローヌ川上流に向けて広がっていきました。地中海沿岸地域のブドウではなく、寒さにも耐えられる品種が選ばれました。

ガリア戦役とブドウの栽培規制

ガリアのワイン市場の拡大に寄与したのは、将軍ユリウス・カエサルでした。

ローマによって支配される以前のガリアは、極めて治安が乱れていました。強盗に狙われることもしばしばで、ワインの交易には危険が伴いました。紀元前58年に始まったガリア戦役*3は、ワインの交易路の確保をも狙ったものだったといわれています。

ガリア戦役当初、ローマ軍はヴェルサンジェトリクス率いるガリア諸部族からの激しい反撃に苦しめられましたが、結局、紀元前52年のアレシア（現在のディジョンの近く）の戦いでガリア軍を破り、勝利を収めました。投降したヴェルサンジェトリクスはローマに連れて行かれ、処刑されました。

戦後、ローマの支配権はガリア全域に広がり、ワイン交易路が確保されます。そして、このガリア戦役を機に、ガリアのブドウ畑はますます広がっていったのです。ところが、ガリアにおけるワイン生産の発展は、イタリア半島のワイン生産者やワイン商からすれば、決して望ましいものではありませんでした。もともと握っていた市場が脅かされるからです。

ローマ共和政末期、元老院（貴族で構成された立法・諮問機関）は、アルプス以遠でブドウやオリーブを植え付けることを制限する決議を下しました。この決議について、フランスの歴史学者ジルベール・ガリエは、

*3 ガリア戦役：カエサルが行った軍事遠征。ケルト人・ゲルマン人などの住民を征服し、ヨーロッパ内陸部へのローマの進出の端緒となった。

「ガリアやブリタンニア（現在の英国）の奴隷や鉱物とイタリアワインとの交換によって得られる大きな利益を永続させようとする資本主義の原理が働いていたことはいうまでもない」（『ワインの文化史』ジルベール・ガリエ著　八木尚子訳　筑摩書房より引用。（　）内は筆者）

と述べています。

ただし、この栽培規制は現地の人だけが対象とされ、ローマの市民権を持った人には適用されませんでした。そのため、まさしく元老院が懸念していたように、属州のガリアで造られたワインは交易路を通って、逆にイタリア半島で消費されるようになります。その証拠に、ラングドックの窯で焼かれたアンフォラが、ローマで大量に発見されているのです。

ブドウ栽培を規制した「ドミティアヌスの勅令」

ローマのワイン生産・流通の中心地は、ナポリに近いポンペイでした。しかし、紀元79年のヴェスヴィオ火山の噴火でポンペイの町は壊滅してしまいます。この時、一時的にワインが不足し、これを補うためにローマ近郊の穀物畑が次々とブドウ畑に置き換えられました。こうした状況のなかで、紀元92年、皇帝ドミティアヌスは、ブドウ栽培を規制する勅令を発します。ついにイタリア半島でもブドウ栽培が規制されることになったのです。その勅令は、どのような内容だったのでしょうか？

古代ローマの伝記作家スエトニウスは、このように記しています。

「過熱したぶどう栽培がワインの過剰生産と麦不足をまねき、耕作地がうち捨てられてしまったことを確信した皇帝は、イタリアに新たなぶどう園を作ることを禁じ、属州にはぶどう畑のすくなくとも半分を引き抜くよう命じた」（『フランスワイン文化史全書　ぶどう畑とワインの歴史』ロジェ・ディオン著　福田育弘・三宅京子・小倉博行訳　図書刊行会より引用）

従って、勅令には、二つの狙いがあったと考えられます。一つは、穀物優先政策です。とりわけポンペイの壊滅後、穀物を栽培すべき畑にまでブドウ畑が広がり、小麦栽培がおろそかになった結果、穀物不足に陥ったからです。

もう一つは、市場調整政策です。ワインが大量に出回ることで価格が下落することを防止しようという意図もあったと考えられるのです。そのような目的での規制は、その後、歴代のフランス国王が何度も試みており、また今日のＥＵも栽培制限制度や減反政策によって市場調整に努めてきました。それゆえ、ジルベール・ガリエの「ドミティアヌス帝の勅令は今日のフランス共和国や、さらには統合ヨーロッパの数々の法律、政令を先取りしたものだった」（『ワインの文化史』より引用）との指摘にも納得することができます。

もっとも、ドミティアヌス帝は、必ずしもブドウ栽培、ワイン造りを敵視していたわけではなかったとの指摘もあります。

フランスの歴史地理学者ロジェ・ディオンは「彼の勅令は、ぶどう栽培を廃止するのではなく、むしろ低級品種の増大による悪影響を防ぐことで、ぶどう栽培の繁栄を維持し、その将来を保証しようとする最古の事例にほかならない」（『フランスワイン文化史全書　ぶどう畑とワインの歴史』より引用）と述べています。

穀物栽培に適した肥沃な土地に植えられたブドウは、たくさん実を付けるものの、ワインの質は良くありませんでした。そこで皇帝は、そのような土地から産出される低品質のワインを規制しようとしたのではないか、という解釈も成り立ちます。そうだとすれば、勅令は前述の二つの狙いに加えて、ワインの品質向上をも目的としていたことになります。

ところで、この勅令に基づいて、皇帝のもくろみどおりにブドウの引き抜きが実施されたのでしょうか？　実際には、属州の総督は税収の減少を恐れて、勅令の施行には熱心ではなかったようです。ローマから遠く離れたブルゴーニュでは、新たにブドウ畑が開かれ、大規模なブドウ栽培が行われていました。

勅令自体は２００年近く残っていたのですが、最終的には、２８０年、皇帝プロブスによって廃止されます。これにより、ガリア全域でブドウ栽培が認められました。しかし、その後、１００年余りでローマは東西に分裂（３９５年）。西ローマ帝国は４７６年に滅亡します。

「新酒優先販売権」を行使したカール大帝

　ローマの属州であったガリアには、ゲルマンの一部族であったフランク人がやって来て、メロヴィング家のクローヴィスがフランク王国を建国します。８世紀半ばになると、カロリング家に王権が移り、７６８年に即位したカール大帝（シャルルマーニュ）の時代に最盛期を迎えます。大帝は８００年に、教皇レオ3世より「西ローマ皇帝」として戴冠されます。王国は現在のフランス、ベネルクス、スイス、オーストリア、スロヴェニアの全土と、ドイツ、スペイン、イタリア、チェコ、スロヴァキア、ハンガリー、クロアチアの一部にまで広がりました。

　カール大帝は、ワイン造りや流通にも介入しました。ブドウの果汁を搾るときに足で踏むことを禁止したり、ワインを獣の皮で作った袋で貯蔵したりすることを禁じました。また彼は「新酒優先販売権」を行使。一般の生産者のワインよりも先に、大帝のワインが販売されました。

カール大帝の没後、８４３年のヴェルダン条約および８７０年のメルセン条約によって、フランク王国は西フランク王国、中部フランク王国、東フランク王国の三つに分割されてしまいます。その３カ国が現在のフランス、イタリア、ドイツの元になるのです。

西フランク王国では、カロリング家が断絶し、９８７年、パリ伯ユーグ・カペーが国王に選ばれ、カペー朝が成立します。カペー家は、封建貴族から選ばれた「第一人者」にすぎず、王権は弱体で、当初は、パリ周辺のイル・ド・フランス地方を支配しているだけでした。その他の地域では、ノルマンディ公、ブルゴーニュ公、シャンパーニュ伯といった大諸侯が支配権を握っていました。しかし、カペー家は選挙制から世襲制に転換します。カペー朝以来、19世紀半ばまでフランスを支配した、ヴァロワ朝、ブルボン朝、オルレアン朝の各王朝はみなユーグ・カペーの子孫の家系なのです。

中世のフランスでは、聖職者たちがブドウ栽培やワイン造りに取り組んでいました。ロジェ・ディオンは、「中世の聖職者によるぶどう栽培が生み出したぶどう畑の全貌を知ろうとすれば、フランス全土を踏破しなくてはならない」（『フランスワイン文化史全書　ぶどう畑とワインの歴史』より引用）と述べています。

中でも修道士たちが果たした役割は重要です。ベネディクト会の修道士は、ボルドー、ブルゴーニュ、ジュラ、プロヴァンスに名高いブドウ畑を開きました。ロマネ・コンティの畑も、ベネディクト会系のクリュニー会の修道士たちが開墾したものです。またパリのサン・ジェルマン・デ・プレ大修道院は、広大な畑を管理し、カロリング朝フランク王国有数のワイン生産者となっていました。

ボルドーを繁栄に導いた「ボルドー特権」

ボルドーといえば、フランスを代表するワインの産地。その名声は世界的に知られています。このボルドーの繁栄を支えていたのが「ボルドー特権」と呼ばれる特権でした。

ボルドーを含むアキテーヌ地方を支配していたアキテーヌ公の娘アリエノールは、1152年、プランタジネット家のアンジュー伯アンリと結婚。夫アンリは1154年にイングランド国王に即位し、ヘンリー2世となります。この結婚の結果、アキテーヌは英国領となりました。その後、ボルドーは約300年の長期間にわたってイングランドの支配するところとなり、英国王に厚遇され、特権を与えられます。ボルドーよりも上流にある産地のワインの販売を妨げる措置も「ボルドー特権」として認められたものでした。

　ボルドー市内を流れるガロンヌ川の上流には、カオールやガイヤックといったワイン産地があります。これらの産地のワインは、船に乗せて川を下り、ボルドー市内を通過しなければ、大西洋に運び出すことはできません。英仏の緊張が高まる中、イングランド王への忠誠を誓ったボルドーは1224年、ヘンリー3世から特許状を授けられ、自由都市となります。そしてボルドーでは、この特権に基づき、「上流の産地のワインは、11月11日以降でなければ、ボルドーを通過することができない」という禁止条項が制定されました。

　もっとも、日にちについてはその年の作柄によって変更があり、ボルドーが不作の年は、11月11日以前でも搬入が認められ、逆に豊作の年は、ボルドーのワインが売りさばかれるまで、上流の産地のワインが搬入されることは認められなかったようです。こうしてボルドーワインは、海外市場で独占的な地位を得ることができたのです。

　1337年、英仏間に百年戦争が勃発すると、ガロンヌ川中流域の諸都市は、英国王と敵対するフランス王に協力します。英国王エドワード3世は、その制裁として、1373年、これらの地域で生産されたワインは、クリスマス以降でなければば、ボルドーを通過してはならないという流通規制を発令しました。

百年戦争は1453年、ボルドー郊外のカスティヨンでフランス軍が大勝することによって終結したものの、ボルドーがイングランド側に寝返ることを恐れたフランス王は、その後も特権を維持することとなりました。このような流通規制は、1776年の王令（チュルゴの勅令）でワインの流通が自由化されるまで残されたのです。

粗悪品種の栽培を規制した「ブルゴーニュ公の勅令」

公権力によるワイン市場への介入には、特権維持を目的とするもの以外に、品質確保を狙ったものもありました。その代表例が、粗悪品種の栽培禁止を目的とした「ブルゴーニュ公の勅令」です。

今日、ブルゴーニュは、高級品種ピノ・ノワールが生む高品質ワインで世界中に知られていますが、1360年ごろから、多産型のガメ種の栽培面積が急増します。また、過剰施肥による品質低下も問題になっていました。

そこで1395年、ブルゴーニュ公フィリップ2世は、ブドウ畑の健全化をはかるために、ガメ種の栽培を禁止する勅令（ディジョン代官ジャン・ド・ヴァランジュが起草）を発しました。

勅令は「王国一立派なかけがえのないワイン」を産する「ボーヌ、ディジョン、シャロン＝シュル＝ソーヌおよび周辺のブルジョワ（市民階級）をはじめとする住民の訴え」を認め、「油断のならない悪質なガメ」を引き抜くことを命じ、以後、植え付けを禁止することを宣言。さらに、ガメからは「大量のワインができるが（中略）そのワインは耐え難い苦しみの故に人に著しい害をなす」のであるから、「これを根こそぎにして根絶すべし。さもなくば、1ウヴレ（農夫1人が1日で耕せる面積）につき、トゥール貨60スーの罰金を科するものとする」と規定（『ワインの文化史』より引用）。

その後も、ブルゴーニュ公やフランス王は、同様の勅令（1441年のフィリップ3世の勅令、1486年の国王シャルル8世の王令）を発し、粗悪品種の栽培規制を試みています。しかし、同じ畑でもガメを植えれば、ピノ・ノワールの4倍ものワインが産出できるともいわれ、勅令はなかなか遵守されませんでした。

ワイン法の歴史年表（～15世紀）

紀元前600年ごろ	マッサリア（現在のマルセイユ）でブドウ栽培が始まる
紀元前118年	ローマが植民市「ナルボ・マルティウス」を建設
紀元前58年	ガリア戦役始まる（～紀元前51年）
79年	ヴェスヴィオ火山が噴火
92年	ドミティアヌス帝の勅令
186年	コンモドゥスが女性のワイン禁令を廃止
212年	カラカラ帝のアントニヌス勅法（属州の自由民にもローマ市民権が付与され、ブドウ栽培が可能に）
280年	プロブス帝がドミティアヌス帝の勅令を廃止
476年	西ローマ帝国滅亡
768年	カール大帝（シャルルマーニュ）が即位
987年	カペー朝成立
1152年	アンジュー伯アンリとアキテーヌ公の娘アリエノールが結婚
1154年	アンジュー伯アンリがイングランド国王に即位（アキテーヌが英国領に）
1224年	ボルドーがヘンリー3世から特許状を授けられる（ボルドー特権）
1337年	英仏百年戦争始まる（～1453年）
1373年	ガロンヌ川上流産地のワインはクリスマス以降でなければボルドーを通過してはならないという流通規制が発令
1395年	ブルゴーニュ公フィリップ2世の勅令（ガメ種の引き抜きを命じる）
1441年	フィリップ3世の勅令
1486年	国王シャルル8世の王令
1487年	神聖ローマ皇帝フリードリヒ3世のワイン条例（添加物の使用を制限）

旧体制期〜19世紀のフランスのワイン市場とワイン法

絶対王政下のワイン市場

1589年、ヴァロア朝が断絶すると、ブルボン家のアンリ4世がフランス国王に即位し、ブルボン朝が成立します。アンリ4世の子ルイ13世の治世を経て、孫ルイ14世の時代にブルボン朝は全盛期を迎え、絶対主義体制が確立します。ルイ14世治世下の財務総監コルベールは、重商主義政策を推進し、ワインの輸出が奨励されました。コルベールは、ワインがもっとも重要な王国の財源であるとし、次のように述べています。

「国王陛下が臣民の安寧をおもんばかって心から気にかけておられるのは、フランス人や外国人が毎年より多くのワインを購入するかどうかということである。なぜなら、それこそが額の多寡はあっても臣下の安寧と利益となる現金収入を王国にもたらすものだからである」（『フランスワイン文化史全書　ぶどう畑とワインの歴史』より引用）。

特に重視されたのがイギリスやオランダへの輸出でした。これらの国では、フランスと同じようなワインを造ることができません。新世界ワインが大量に輸入されている現在とは違って、ワインについては、どうしてもフランスに依存しなければなりませんでした。

絶対王政下の栽培規制

絶対王政期には、ワインの輸出が奨励される一方で、ブドウ栽培に対する規制も行われました。ブドウ畑の拡大を抑制するべく、１７２２年にロレーヌ地方で新規植え付けが禁止され、１７２５年にはトゥーレーヌ、アンジュー、ボルドーでも禁止されました。１７３１年になると、国王顧問会議が、禁止措置の適用範囲を全国に広げる決定を下しました。

この禁令を激しく批判したのが、『法の精神』の著者として知られるモンテスキューでした。彼はオー・ブリオンのそばに10ヘクタールの土地を取得したのですが、植え付けの直前に禁止令が出されたのです。そこで「１７２５年2月27日の顧問会議の決定に反対する意見書」を提出したものの、却下されてしまいます。

この禁令について、イギリスの経済学者アダム・スミスは次のように評価しています。「この禁令は、表向きは穀物や牧草の不足とワインの生産過剰を理由にしている」が、本当の理由は「昔ながらのブドウ畑の持ち主が、新しい畑が増えるのを嫌ったからである」と。

ただし、そうした中でも、穀物栽培に向かない砂利が多い土地でもブドウ畑にできるという利点は意識されていたようです。なぜなら、１７２５年のボルドーの禁止令では「１７０９年以後に植えたブドウは、ジロンド川上流地域、ボルドー地方ともにすべて刈り取ること」という言葉に続いて「ただし、メドックの砂利地、ボルドーのグラーヴおよびコートのブドウ畑は残してもよい」と例外を認めているからです。

パリ近郊産ワインの流通を規制した「20リユ規制」

植え付け禁止令は１７５９年に撤回されましたが、ワインの流通に対する規制は、生産者や都市の消費者を悩ませ続けます。その典型的なものが「20リユ規制」です。

当時、飲用可能な水を得ることは容易ではなく、ワインは必需品でした。大都市のワイン消費量がとりわけ多く、18世紀後半の１人当たりの年間消費量は１００

リットルを超え、今日の2倍以上であったといわれています。しかし1577年、最高法院は、パリから20リユ（約88キロメートル）以内で買い付けられたワインをパリで販売することを禁止します。この「20リユ規制」により、パリ近郊のイル・ド・フランス地方のワインは販路を断たれました。

20リユ規制が出された背景には、パリ近郊のワインの品質が劣っていたという理由もありますが、パリ市内に持ち込まれるワインを遠方から搬入されるものに限定し、税金の徴収を容易にしようという狙いがあったようです。

結局、1776年の王令（チュルゴの勅令）でワインの流通が自由化されるまで、規制の撤廃には約200年を要しました。その間、ワイン市場を奪われたイル・ド・フランス地方は、ブドウ栽培から穀物栽培や家畜飼育への転換を余儀なくされました。現在でもパリ近郊にブドウ畑がほとんど見当たらないのは、この規制のためなのです。

入市税と大革命

旧体制期のフランスでは、ワインの流通には重税が課されていました。当時のパリは周囲を市壁で囲まれており、パリに搬入するときに市門で徴収される入市税が、中でも極めて高額でした。そこで市門の外には、パリ市民が入市税のかからない安価なワインを飲むための「ガンケット」と呼ばれる居酒屋が作られました。

ところが、より多くの入市税を徴収するために、パリを囲んでいた城壁の外に新たに「徴税請負人の壁」と呼ばれる城壁が築かれ、市門が外側にずらされてしまったのです。ガンケットが軒を連ねていた区域まで市門の内側に取り込まれ、入市税の課税区域になると、もはやワインを安く飲める場所がなくなってしまいます。これに対して、民衆は激しく抗議。1789年夏にはパリの入市税徴収門が相次いで襲撃され、ついにフランス大革命が勃発します。

大革命期のワイン市場

1789年8月4日、憲法制定議会において封建制の廃止が決議され、同年8月11日には、封建制廃止のデクレ（政令）が採択されます。これによって、アンシャン・レジーム*4下の封建税制は崩壊し、エード（間接税）や通行税は廃止されました。しかし、入市税は依然として残されました。

その後、1791年2月19日、入市税を廃止する法律が採択（5月1日から適用）されました。ところが、入市税が廃止されても、ワインの価格は高騰したまま。都

＊4　アンシャン・レジーム：16世紀初頭から大革命までの約3世紀間の政治・社会体制。フランス革命期に、打倒すべき否定的対象として呼ばれた。旧体制または旧制度の意味。

市では、相変わらずワインが不足していました。
その理由は、戦争でした。フランスは周辺諸国と戦争状態であったため、穀物生産や軍への食糧補給が優先されたことや、道路・河川・運河の整備不良により、都市へのワインの輸送が困難であったことも、その原因として考えられます。戦争は長引き、ナポレオンの時代まで続きます。

フランス大革命と自由放任主義のワインへの影響

1789年8月26日に採択された「人および市民の権利宣言」は、第4条において、「自由は、他人を害しないすべてのことをなし得ることにある」とうたっています。革命によって、あらゆる封建的な制約は撤廃され、ブルジョワジーが求めていた自由な経済活動が可能になりました。

しかし、フランス革命期の一連の立法は、ワインの品質改善や原産地呼称の保護には寄与しませんでした。せいぜい商標の不正使用を禁じた「共和暦11年（1802～1803年）ジェルミナル22日の法律」ぐらいであろうと最近のワイン法体系書は記しています（Droit de la vigne et du vin : Aspects juridiques du marché vitivinicole, Jean-Marc Bahans et Michel Menjucq）。

それどころか、「1791年3月2日＝17日のデクレ（アラルド法）」で親方身分*5や宣誓ギルド*6が廃止され、「同年6月14日＝17日のデクレ（ル・シャプリエ法）」によって、同一職業の労働者や職人の団結行為が、刑事罰をもって禁止されたことは、ワインの品質に重大な影響を及ぼしました。

もともと職業団体は、ワインの品質確保を目的とする管理・統制を行っていたのですが、先の二つの法令によって、そのような団体が解体されると、品質を確保する管理機関は消滅してしまいます。革命と自由放任主義*7は、ワインの品質を低下させ、不正行為を助長する弊害をもたらしてしまったのです。

黄金時代を迎えた19世紀半ばのワイン市場

大革命によってさまざまな規制が撤廃され、ブドウ栽培やワイン造りは自由化されました。フランスのブドウ栽培面積は、200万ヘクタール近くにまで増加し、当時の全世界における栽培面積の半分近くを占めるほどでした。

しかし生産量が増加し、国内消費も増加したとはいえ、ワインの品質は劣化する一方でした。生産者の人気は多産品種に集まり、ブルゴーニュやロワールでは、ガメ種がピノ種を脅かす勢いで増加。南仏ではアラモン種*8が増加しました。ボー

*5　親方身分：ギルド（手工業者の団体）のメンバーで、徒弟と職人を雇って生業を営む独立の手工業者。

*6　宣誓ギルド：商人・手工業者の団体であるギルドの一つ。競争を排除し、市場を独占していたため、産業の自由な発展を阻害する要因となっていた。

*7　自由放任主義：個人の経済活動を自由に発揮させ、国家の干渉を排除することを主張する経済的自由主義の思想と政策。資本主義の生成期に重商主義に反対するフランスの重農主義者が提唱した。

*8　アラモン種：かつてラングドック地方で広く栽培されていた黒ブドウ品種。ウドン粉病やベト病に対する抵抗力が強い。

ジョレでは、小麦栽培適地までブドウ畑で覆われ、粗悪ワインばかりが造られる状態でした。

品質はともかく、著しい生産量・輸出量の増加が見られた19世紀半ばは、フランスワインの黄金時代といわれています。1860年の英仏通商条約*9はフランスワインのイギリスへの輸出を促進することとなりました。特にボルドーは、1855年の格付けの効果で、格付けされたワインの価格が上昇し、未曾有の繁栄を享受しました。

害虫のメイガやウドン粉病の被害で生産量が大幅に減少することもありましたが、それぞれ対策がなされ、輸出量も増加して、1875年は年間生産量8450万ヘクトリットルを記録する大豊作となります。

*9 英仏通商条約：1860年のコブデン・シュヴァリエ条約と呼ばれる条約。自由貿易原則のもとに輸入禁止制を廃止し、関税を大幅に引き下げた。

1855年の格付け

1855年のパリ万国博覧会の際に、ナポレオン3世の命を受け、ボルドー商工会議所は、メドック地区の生産者の格付けを行った。その格付けは、当時のワイン仲買人（クルティエ）の情報と取引価格に基づいて決められた。第1級から第5級までメドック地区の60銘柄が格付けされ、メドック以外からはペサック・レオニャンのシャトー・オー・ブリオンが第1級に選ばれた。その名声が17世紀に確立されていたからだと言われている。ほかに第1級に格付けされたのは、シャトー・ラフィット・ロートシルト、シャトー・ラトゥール、シャトー・マルゴーであった。1973年には、第2級のシャトー・ムートン・ロートシルトが昇格して、第1級は合計5銘柄となった。

1855年には、ソーテルヌ・バルサック地区の甘口ワインの格付けも行われた。有名なシャトー・ディケムは、格付けの頂点に位置する「プルミエ・クリュ・シュペリュール」に唯一格付けされている。

いずれも格付けから160年近くが経過しているが、定期的に格付けの変更が行われるサン・テミリオンとは異なり、ほとんど変更はなされていない。

フィロキセラ禍の影響

1875年の大豊作をピークに、フランスのワイン生産量は激減します。1860年代後半以降、ブドウ樹を枯死させる害虫フィロキセラ[*10]がフランス全土に広がり、ブドウ畑は壊滅的な被害を受けました。これは「フィロキセラ禍」と呼ばれています。

また、1880年代にはミルデュ（ベト病）がブドウ畑を襲い、果実が落下して収穫量が大幅に減少する不幸にも見舞われました。その結果、深刻なワイン不足となり、これに乗じてワインの代用品や模造品が現れ、市場は混乱を極めました。そしてその混乱は、現在のワイン法が制定されるきっかけとなります。

ジルベール・ガリエは『ワインの文化史』で、このフィロキセラ禍の影響として、次の三つを指摘しています。

第一の影響は、品不足です。1879~1892年ごろまでワイン不足が続き、1889年には年間生産量が2340万ヘクトリットルまで落ち込みました。大豊作だった1875年の生産量の3分の1以下にまで減ってしまったことになります。

第二の影響は、品不足を補うためにワインの代用品が製造されるようになったこ

＊10　フィロキセラ：日本名はブドウネアブラムシ。体長は約1ミリメートルで体色は黄色い。腹部に吸汁する針を持っており、根や葉を刺して樹液を吸う。ブドウの根に寄生をする。フィロキセラに刺されたブドウの根はこぶ状に膨れて、冬季に腐ってしまう。これによりブドウ樹は徐々に弱り、5年くらいで枯死する。北米系ブドウとともにヨーロッパに侵入したと考えられており、1863年にイギリス南部で発見された。一般的な対策法として、北米系ブドウを親株として開発された抵抗性を持った台木を使う方法がある。
（参考文献：『新版 ワインの事典』大塚 謙一、山本 博、戸塚 昭、東條 一元、福西 英三 監修・執筆、柴田書店）

とです。ブドウの搾りかすに水と砂糖を添加し、発酵させて色づけした「砂糖ワイン」や、ギリシャやトルコから輸入された乾燥ブドウに水を加えて発酵させ、香料や着色料を添加した「レーズンワイン」が市場に出回りました。

第三の影響は、やはり品不足を補うために、隣国からワインが輸入されたことです。輸入量は、1880年に700万ヘクトリットルだったのが、1887年には1200万ヘクトリットルまで増加しています。アルジェリアから輸入されたワインはアルコール濃度が高かったので、「砂糖ワイン」とブレンドされました。フィロキセラ被害がまだ少なかったイタリア北部・中部やスペインからも輸入されていました。

フィロキセラ克服のための三つの方法

フィロキセラ禍は、いくつかの方法によって克服されました。

当初は、在来種の延命を図るために、殺虫効果のある二硫化炭素を畑に注入することが試みられましたが、その作業は容易ではありませんでした。

そこで考えられた第一の方法は、フィロキセラに耐性のあるアメリカ系のブドウ品種を植え付けることです。病気や害虫に強く、栽培が容易で、肥料も少なくて済む品種が選ばれました。例えば、オテロ、ジャケ、ノア、クラントン、エルブモンといった品種です。これらの品種は、収穫量が多いという利点もありましたが、ワインにすると品質は悪く、フォクシーフレーバー（キツネ臭といわれる異臭）がひどくて、とても飲むに耐えないものだったといいます。

第二の方法は、フランス品種とアメリカ品種の交配です。現在、北海道などで栽培されているセイベルという品種がありますが、これはその時の交配によって生まれた品種です。

第三は、フランス品種をアメリカ品種の台木に接ぎ木する方法です。これこそ、今日、私たちが知っているフィロキセラ対策にほかなりません。アメリカ品種を台木にして、フランス品種を接ぎ木すれば、品質上は問題がないことが分かったのです。この方法は、中規模・大規模生産者を中心に、1885年以降、急速に広まりましたが、費用がかかるため、小規模生産者はアメリカ品種や交配種を使い続けました。

「グリフ法」によりワインの定義の原型が現れる

アメリカ系の品種や交配種の栽培、フランス品種をアメリカ品種の台木に接ぎ木する方法によって、ブドウ畑の復興が図られると、フランスのワイン生産量は徐々に回復していきました。そして１８９３年には、５０００万ヘクトリットルにまで生産量が増加します。他方で、国内市場は相変わらず輸入ワインやワイン代用品であふれていました。たちまち国内市場は供給過剰に陥ります。

「砂糖ワイン」や「レーズンワイン」のようなワイン代用品を排除するためには、法律の制定が不可避でした。１８８９年8月14日の「グリフ法」は、

「新鮮なブドウを発酵させて造られる産品以外のものをワインの名の下に、発送し、販売してはならない」

と規定。今日のフランスやEUのワイン法における、ワインの定義の原型がついに現れます。また、１８９４年7月24日の法律では、水やアルコールの添加が禁止されました。

しかし、これらの法律にもかかわらず、ワイン代用品の製造業者はワイン代用品を「健康的飲み物」と銘打って市場に出し、ワイン商も安価なワイン代用品を求めました。こうした業者は、その後、20世紀初頭の生産者の暴動で糾弾されることになります。市場にあふれる輸入ワインやワイン代用品のせいで苦境に追い込まれたフランスの生産者たちは、さらなる規制の強化を求めて立ち上がるのです。

ワイン法の歴史年表(16〜19世紀)

1577年	パリから20リユ(約88km)以内で買い付けられたワインをパリで販売することが禁止される(20リユ規制)
1589年	ブルボン朝の成立
1716年	トスカーナ大公コジモ3世・デ・メディチがキャンティの原産地を画定
1722年	ロレーヌ地方でブドウの新規植え付けの禁止
1725年	ボルドーなどでブドウの新規植え付けの禁止
1731年	国王顧問会議の決定により、フランス全国で新規植え付けの禁止
1756年	ポートワインのブドウ生産地域を画定する原産地呼称法の制定
1759年	ブドウの植え付け禁止令が撤回される
1776年	チュルゴの勅令により、ワインの流通が自由化される
1789年	7月　パリの入市税徴収所が相次いで襲撃される
1789年	8月4日　憲法制定議会において封建制の廃止の決議
1789年	8月11日　封建制廃止のデクレの採択
1789年	8月26日　「人および市民の権利宣言」
1791年	2月19日　入市税を廃止する法律の採択
1855年	ボルドーワインの格付けが定められる
1860年	英仏通商条約
1860年代後半〜	フィロキセラがフランス全土に広がる
1875年	フランスワインの年間生産量8450万ヘクトリットルを記録する大豊作
1880年代	フィロキセラ禍やベト病により生産量激減(1879〜1892年ごろまでワイン不足となる)
1883年	工業所有権の保護に関するパリ条約(原産地表示・原産地名称の国際的保護が宣言される)
1889年	8月14日　グリフ法制定(ワインの定義が確立)
1889年	フランスワインの年間生産量が2340万ヘクトリットルまで落ち込む
1891年	産品の産地に関する虚偽又は誤表示の防止に関するマドリッド協定(虚偽または誤認を生じさせる原産地表示の防止)
1894年	フランスでワインへの水・アルコールの添加が禁止される

20世紀におけるワイン法の成立

不正行為対策と1905年法の制定

フィロキセラ禍後のフランスでは、産地偽装や高級ワインの偽造も横行していました。例えば、スペインから持ち込まれたワインをそのままボルドーワインとして販売したり、ボルドーワインにアルジェリアやスペイン、フランス南部のワインを大量にブレンドして、ボルドーの産地名や有名醸造所の名称を付けて販売したりする行為が行われました。

こうした産地の詐称を防止するために、1905年に「商品販売における不正行為と、食料品と農産物の偽造の防止のための法律」が制定されました。この法律は、ワインのみならず食品全般を対象としていて、この法律が現在のフランスの消費者法のベースになっているのです。

1905年法は、第1条において、

「商品の性質、品質（qualités substantielles）、成分、誤って表記された原産地が主要な販売力となっている場合の原産地（中略）について契約者を騙した、又は騙そうとした者は、3カ月以上1年未満の禁錮、および罰金を科す」
と規定し、詐称行為に対して罰則を設けました。

ラングドックの暴動

国内市場が供給過剰となると、ワインの価格は下落し、販売不振のため生産者は困窮状態に陥ります。

1907年、南仏ラングドックでブドウ栽培農家が集結。市場にあふれるワイン代用品や輸入ワインの排除を求めて、暴動を起こします。

ジルベール・ガリエは『ワインの文化史』において、このように述べています。「ブドウ栽培者の要求はただひとつ、彼らの〈自然で混じりけのないワイン〉が大量に売れ残る原因となっている、輸入ワイン、紛い物の変造ワインを一掃することだった。それらが幅をきかせているのは、利益を優先するワイン商のせいだった」

栽培農家の暴動を鎮圧するため、軍隊が投入され、多数の死傷者が出ました。他方で、政府は彼らの不満を解消しようと、ワイン代用品対策に乗り出すことになり、

１９０７年、砂糖ワインの製造に用いる砂糖に付加税を課す法律が制定されました。その後、１９０５年の法律を改正する「１９０８年8月5日の法律」が制定され、「製品の産地の呼称を主張することができる地域の範囲の画定は、従来からの地元の慣習（un usage local et constant）に基づいて行う」という規定が追加されました。これらの規定を根拠に、まずは行政の主導で、産地名を表示する場合の生産地域の範囲の画定が進められていきます。

行政主導の産地画定の失敗とシャンパーニュの暴動

しかし、生産者の意向を聞くことなく、行政が一方的に産地を画定するやり方は、大きな反発を招きました。一体どこまでが範囲内として認められるかという線引きをめぐって、産地では深刻な対立も生じました。

そうした中、１９１１年にシャンパーニュで起こった暴動は、行政主導の産地画定の問題点を露呈させました。

現在、シャンパーニュを名乗ることのできる畑の面積は、約3万４０００ヘクタールで、マルヌ、エーヌ、オーブ、オート・マルヌ、そしてセーヌ・エ・マルヌの5県にまたがっています。オーブ県はブルゴーニュのコート・ドール県に隣接し、シャンパーニュの中心地であるマルヌ県のランスやエペルネからかなり離れています。オート・マルヌ県も同様です。

昔からシャンパーニュは、他の産地のワインよりも大変高価でした。それゆえ、別の産地から仕入れたワインにシャンパーニュのラベルが貼られて売り出されることもまれではなく、偽物が横行していました。

そこで1908年に、シャンパーニュの産地を画定する政令が定められたのですが、その際、南のオーブ県は産地外とされてしまいました。そして1911年、産地外となったオーブ県のブドウを使った場合、シャンパーニュの表示が禁止されることになりました。これに反発した同県の造り手たちは団結して、大規模なデモを組織し、産地画定の撤回を要求。これを受けて、国会が撤回の意向を表明すると、今度はそれを許さないマルヌ県の栽培農家が激怒して、暴動を起こしました。マルヌ県の立場からすれば、同県のみがシャンパーニュの産地だからです。

しかし、その主たる標的にされたのは、同じマルヌ県内のメゾン（シャンパンメーカー）でした。県内のメゾンには、県外からの原料を使いながら、シャンパーニュを名乗る偽物を造っていると見なされたところがあったからです。

怒り狂った栽培農家たちは、まずマルヌ県のエペルネにあるメゾンを襲撃。さらに、同県のアイにあるメゾンを襲撃し、略奪するなどの行動に出て、町はすっかり荒らされてしまいました。数千本のブドウ樹が焼き払われ、６００万本のボトルが割られたといいます。偽物を造っていなかったメゾンまで襲撃されてしまいました。

こうした深刻な対立の中、事態を収拾させるため、その後、オーブ県をシャンパーニュの「第2区域」*11として認める法令が採択されました。１９２７年には、正式に同県を含む5県がシャンパーニュの産地であることが確認され、現在に至っています。

*11 「第2区域」：マルヌ県（本来の生産地）に対する概念。二流の生産地の意味。

１９１９年法に「アペラシオン・ドリジーヌ」が登場

ワイン代用品の対策が進められても、原産地画定をめぐる問題は、容易には解決しませんせん。行政主導のやり方が失敗に終わったので、別の方法が模索されました。

１９１１年6月30日、パム農務大臣は、裁判による産地画定の方法を取り入れた法案を提出しました。その法案は、原産地を名乗ることができるかどうかを裁判官が決定することとし、その際、「産地だけでなく、その産品の性質、構成および実質的な品質について考慮する」というものでした。

しかし法案の審議過程で、「産地だけでなく、その産品の性質、構成および実質的な品質について考慮する」という第二の要件は無視されてしまいます。

その後、第一次世界大戦が勃発。戦後、1919年5月6日に法律が成立しますが(アペラシオン・ドリジーヌの保護に関する法律)、品質についての要件は抜け落ちたままでした。

この1919年法では、「アペラシオン・ドリジーヌ(Appellation d'Origine　原産地呼称)」という用語が登場します。第1条で、

「ある『アペラシオン・ドリジーヌ』が、直接・間接的に自分たちに損害を与え、(中略)その産地や、従来からの忠実な地元の慣習(usage locaux, loyaux et constant)に反していると主張する者は誰でも、当該アペラシオンの使用の禁止を求めて、裁判上の訴えを起こすことができる」

と規定しました。しかし、この法律には、重大な欠陥がありました。

1911年の法案の段階では、原産地を名乗るに当たって、「産地だけでなく、その産品の性質、構成および実質的な品質について考慮する」としていました。これに対して、成立した1919年法は、1905年法による行政主導の産地画定ではなく、裁判所による原産地呼称の管理を取り入れつつも、「品質」についての考慮が必要であることは明示していません。そのため、アペラシオン・ドリジーヌが地

理的範囲だけを意味しているのか、それとも品質要件まで含まれるのかという議論が展開されることになりました。

この問題に関して、フランスの最高裁判所に相当する破毀院《はきいん》は、第1条の「従来からの忠実な地元の慣習」には、ブドウ品種や栽培方法といった品質に関わる生産上の慣習は含まれないという判断を示します。品質は考慮しなくてよいことになってしまったのです。そうすると、その「原産地」で栽培されたブドウを使いさえすれば、どんなに粗悪なワインでも原産地を表示できることになってしまいます。これでは産地の評価は落ちるばかりです。

実際、ボルドーでは1919年法が制定されると、品質が劣る交配種のブドウが使用されたり、ブドウ栽培に適していない湿地帯に植え付けられたブドウが使われたりするようになり、そのような低品質なワインまでアペラシオン・ドリジーヌを名乗る事態となってしまいました。

また1919年法により、原産地呼称を管理する任務を負うことになった裁判所は、次々と提起される訴訟に対応できず、裁判の遅滞が問題になりました。訴訟提起から判決までに数年を要することとなり、判決で産地が画定されるまでは問題の名称が使われ続けたのです。

１９２７年法による改正

１９１９年法がもたらした弊害は重大で、早急な法改正が必要となりました。改正法案は、１９２７年7月22日の「アペラシオン・ドリジーヌの保護に関する１９１９年5月６日の法律の補足」という法律にまとまります。

１９２７年法は、「従来からの忠実な地元の慣習により認められたブドウ品種と生産地域からのものでなければ、いかなるワインにもアペラシオン・ドリジーヌを名乗る権利はない」という規定を追加しました。また交配品種を使ったワインが、アペラシオン・ドリジーヌを名乗ることも禁止されました。１９１９年の原産地呼称法の下では、使用される品種とは無関係に原産地を名乗ることが認められていました。そのため、低品質・高収量の粗悪品種のブドウを使ったワインであっても、有名な原産地呼称の名の下に販売され、その産地の評価自体が落ちてしまうことがありました。そこで、１９２７年の法改正では、品種に関する規制が盛り込まれたのです。

こうして１９２７年法では、アペラシオン・ドリジーヌを名乗るに当たって、地理的範囲だけではなく、ワインの品質に重要な影響を与えるブドウ品種についても考慮されることとなったのですが、これだけでは、まだ十分とはいえませんでした。

ＯＩＶ《オーアイブイ》の設立

　フィロキセラ禍後のワイン市場の混乱は、フランスだけにとどまりませんでした。ヨーロッパ中で、ワインを名乗った模造品やまがい物のワインが流通していました。問題の解決には、国境を超えた国際的な取り組みが不可欠でした。また、ワイン貿易のルールを作り、輸出国と輸入国との紛争を裁定するために、国際機関を置くべきことも主張されました。

　こうして１９２４年11月29日に、「国際ワイン事務局（ＯＩＶ）」（Office International du Vin）をパリに設置する協定が、８カ国（スペイン、チュニジア、フランス、ポルトガル、ハンガリー、ルクセンブルク、ギリシャ、イタリア）によって署名されたのです。当初の目的では、ワインだけを取り扱うことになっていましたが、その後、１９５８年に「国際ブドウ・ワイン事務局（ＯＩＶ）」（Office International de la Vigne et du Vin）と改称され、ブドウおよびブドウを原料とする産品にも対象が拡大されました。

　ＯＩＶでは、ブドウ栽培、ワイン醸造、ラベル表示やワインの定義といった問題をめぐって、加盟国間で議論が行われるとともに、国際基準の整備が図られてきました。また加盟国数も増加し、２００１年には新たな協定が結ばれ、「国際ブドウ・ワイン機構（ＯＩＶ）」（Organisation Internationale de la Vigne et du Vin）という機関に改組されました。２０１３年6月現在の加盟国数は45カ国。アメリカ合衆国と中国を除く、ほとんどのワイン生産国、主要なワイン消費国が加盟しています。ちなみに、日本は加盟していません。

世界恐慌と生産過剰対策

１９２９年10月24日、ニューヨーク証券取引所で株価が大暴落します。これが引き金になって世界規模で金融恐慌が起こり、ワイン輸出市場も崩壊。ワインの供給過剰と価格の下落は、ネゴシアン（ワイン商）や生産者を苦境に追い込みます。ボルドーのシャトーも次々と売却されました。

このような危機的状況の中で、並級ワインの生産を抑制する措置がとられました。１９３１年に制定され、その後も数回改正された「ワイン生産規範法」による規制です。これにより収量の高い生産者は、収量に応じた累進制の納付金の支払いが義務付けられ、また１ヘクタール当たり４００ヘクトリットル以上の収穫がある場合には、畑の一部が出荷停止の対象になりました。10ヘクタール以上の畑を所有する者や１ヘクタール当たり５００ヘクトリットル以上収穫する者は、10年間、新規の植え付けを禁じられました。

並級ワインを造っていたのでは、このような法的制約を課されてしまいます。そこで、品質はともかく、制約を課されないワインを造らなければなりません。結果、もともと並級ワインを造っていた畑からアペラシオン・ドリジーヌを名乗るワインが次々と出現し、アペラシオン・ドリジーヌはもはや無秩序状態となります。

1935年AOC法の成立

行政主導の産地画定は挫折し、裁判による産地画定も失敗に終わりました。そこで今度は、行政でもなく、裁判所でもなく、「造り手自身が品質要件を設定・管理すべき」という新たな基本原則に基づき、生産地域やブドウ品種だけでなく、さまざまな品質要件が加えられることになりました。

上院議員ジョセフ・カピュスは、1935年3月12日、コントロールされたアペラシオン・ドリジーヌ、すなわち「アペラシオン・ドリジーヌ・コントロレ（AOC）」の法案を上院に提出しました。品質を管理するための指標としては、生産地域やブドウ品種のほか、1ヘクタール当たりの収量、ワインの最低アルコール濃度、栽培・醸造方法が盛り込まれました。

この法案は「1935年7月30日の法律（デクレ＝ロワ*12）」として成立しました。今日の原産地呼称制度は、この1935年法によって確立されたものです。同法は「ワイン・蒸留酒原産地呼称全国委員会（CNAO）」を設置（現在のINAO*13の前身）。原産地呼称ワインの生産条件については、各産地の生産者組合の意見をもとに、この委員会が決定することとしました。

1935年法は、その第21条で、以下のように規定しています。

「『統制（contrôlée）』という原産地呼称の1区分（AOC）を設ける。全国委員会（CNAO※筆者加筆）は、関係する組合の意見をもとに、各AOC呼称のワイン及び蒸留酒に適用する生産の条件を定める。この条件は、生産地域、ブドウの品種、1ha当たりの収量、ワインの最低アルコール度であり、ブドウの栽培、醸造、蒸留の過程で何も加えない自然の製造を前提とするものでなければならない。全国委員会は、判決事項を実施するための1927年7月22日付け法律の適用に関する決定の対象となった品種及び生産方法についての条件を変更することはできない。また、1919年5月6日付け法律の適用となる地理上の地域を変更することもできない。全国委員会は、この地域の範囲内でAOC呼称の権利を有するワイン又は蒸留酒の生産地域を定めなければならない。各AOC呼称ワインの生産に課せられた条

*12　デクレ＝ロワ：政府のなす委任立法。第三共和制において、国会の委任により、法律の改廃をなし、法律と同一の効力を持つものとされたデクレ。

*13　INAO：Institut national de l'origine et de la qualité　全国原産地・品質管理機関（詳細は178ページ）

件に適合していなければＡＯＣ呼称で販売することはできない。……」（「原産地呼称に関する基本法律」高橋梯二訳『のびゆく農業』通号９４７　一般財団法人農政調査委員会　より引用）

このように、１９３５年法では、指定された生産地域で栽培され、かつ指定された品種のブドウを使っていても、各ＡＯＣで決められた収量、アルコール濃度、栽培・醸造方法といった条件を満たしたワインでなければ、ＡＯＣを名乗ることはできないことになりました。また同法は、ブドウ栽培や醸造過程で何も添加しない自然な製造を前提とすべきとしています。これは、水、砂糖、アルコール、香料、着色料などを添加した模造ワインを否定する趣旨といえます。

ＡＯＣのその後

１９３５年法の制定を受けて、ボルドーやブルゴーニュ、シャンパーニュなど、フランス各地でＡＯＣ登録が相次ぎます。しかし、１９１９年法は廃止されずに残ったため、１９３５年法の「アペラシオン・ドリジーヌ・コントロレ」と１９１９年法の「アペラシオン・ドリジーヌ」が併存する状態となりました。前者は、品質上の基準に適合しなければ名乗ることができませんが、後者は、相変わらず生産者が自由に名乗ることのできるアペラシオンとして認められていたのです。その後

１９４２年になって、前者に一本化されました。

当初、ＡＯＣワインは極めて限定されていました。フランスワイン全体の生産量の10パーセントにも満たなかったといわれています。そこで、戦後、ＡＯＣの格下のカテゴリーとして、１９４９年に「ＶＤＱＳ《ヴェーデキューエス》（Vin Délimité de Qualité Supérieure 優良品質限定ワイン）」が誕生します。

また１９５６年の大寒波で、フランスのブドウ樹が霜の被害を受け、植え替えを余儀なくされたことが契機となって、ＡＯＣワインの生産量は伸びていきます。植え替えに際して、政府は高級品種を重視する政策を打ち出し、粗悪品種の植え付けを規制したからです。

他方で、ＡＯＣ、ＶＤＱＳに次ぐ第３のカテゴリーとして、１９６８年の政令により、「ヴァン・ド・ペイ（vin de pays）[*14]」が設けられました。テーブルワインでありながらも、産地名の表示が認められました。

なお、このように厳格なワイン法が形成されたフランスとは対照的に、ヨーロッパ諸国の中にはワイン市場の法的統制が不完全で、自由放任主義が維持された国もありました。しかしヨーロッパの統合が実現し、ワインの共同市場が誕生すると、ワイン法についても、ヨーロッパレベルで、調和的な統制が目指されていきます。

＊14　ヴァン・ド・ペイ：生産過剰が問題になっていた日常消費用ワインと差別化するために設けられた「ヴァン・ド・カントン」に由来する。最大収量や使用可能品種といった生産条件が決められているが、ＡＯＣワインの基準よりは緩やかである。ヴァン・ド・ペイは、現在はＩＧＰワインとなっている。

以上、古代から21世紀までのフランスを中心としたワイン法の歴史を見てきました。19世紀以前の法規制は、国王権力などによる、上からの規制でした。これに対して、１８６０年代後半のフィロキセラ禍以降の立法過程をみると、ワインの模造品やまがい物を市場から排除し、純粋なワインを守ろうとする生産者の意思、あるいは、産地表示のルールを確立し、原産地呼称を保護しようという意図が、立法内容に強く反映されています。このような動きは、フランスにとどまらず、ヨーロッパ諸国、そして世界のワイン生産国へと広がっていきました。

国際法レベルでも、19世紀後半から原産地を保護するための条約が成立していきます。１８８３年の「工業所有権の保護に関するパリ条約」、１８９１年の「産品の産地に関する虚偽又は誤表示の防止に関するマドリッド協定」、１９５８年の「原産地呼称の保護及び国際登録に関するリスボン協定」などです。１９９４年の「ＴＲＩＰＳ協定（知的所有権の貿易関連の側面に関する協定）」は、地理的表示の保護を知的所有権の一つと位置付け、その侵害を防止するための措置を世界貿易機関（ＷＴＯ）加盟国に義務付けています。これらの国際法については、第十章で詳しく触れていきます。

ワイン法の歴史年表（20〜21世紀）

1905年	「商品販売における不正行為と、食料品と農産物の偽造の防止のための法律」制定
1907年	ラングドックの暴動
1908年	シャンパーニュの産地を画定する政令（オーブ県は産地外に）
1911年	シャンパーニュの暴動
1911年	6月30日　品質要件を盛り込んだ法案の提出
1914年	第一次世界大戦勃発（〜1918年）
1919年	5月6日　「アペラシオン・ドリジーヌの保護に関する法律」制定
1924年	11月29日　国際ワイン事務局（OIV）をパリに設置する協定に8カ国が署名
1927年	7月22日　「アペラシオン・ドリジーヌの保護に関する1919年5月6日の法律の補足」1919年法の改正（品種要件が追加される）
1929年	世界恐慌
1931年	ワイン生産規範法（並級ワインの生産抑制）
1935年	AOC法制定
1939年	第二次世界大戦勃発（〜1945年）
1956年	フランスで大寒波
1957年	欧州経済共同体設立条約（ローマ条約）調印
1958年	原産地呼称の保護及び国際登録に関するリスボン協定（原産地呼称の保護と登録）
1958年	「国際ワイン事務局」が「国際ブドウ・ワイン事務局」に改称
1962年	欧州経済共同体でワイン共通市場制度が発足
1976年	パリ試飲会事件
1985年	ジエチレングリコール事件
1986年	「国産果実酒の表示に関する基準」が定められる（日本）
1994年	TRIPS協定（知的所有権の貿易関連の側面に関する協定）（地理的表示の保護）
2001年	「国際ブドウ・ワイン事務局」が「国際ブドウ・ワイン機構」となる
2010年	「甲州」がOIVの品種リストに登録
2013年	「山梨」がワインの地理的表示として国税庁長官指定産地に指定される

ワイン法を知る

第三章

ヨーロッパのワイン法

EUワイン法の歴史と概要

欧州統合と共通農業政策

ヨーロッパの歴史は、戦争の歴史でもあります。ヨーロッパに不戦共同体を構築しようとする動きは、以前からありました。フランスの作家ヴィクトル・ユーゴーは、平和的な「欧州合衆国」の構築を提唱しましたが、その夢は2度の大戦によって打ち破られることになりました。

今日、「欧州統合の父」と呼ばれている人物がいます。フランス・コニャック出身のジャン・モネです。彼は、戦争時に必要となる石炭と鉄鋼の共同管理を提唱。この発想にフランス外相のロベール・シューマンが賛同して、１９５０年に「シューマン・プラン」が提案されました。

このプランを実現するため、１９５１年のパリ条約により、現在のＥＵの前身となる「欧州石炭鉄鋼共同体（ＥＣＳＣ）」が発足します。設立条約に調印したのは、フランス、ドイツ(西ドイツ)、イタリア、ベルギー、オランダ、ルクセンブルクの6カ国です。

6カ国は、石炭・鉄鋼にとどまらず、あらゆる製品やサービスをも対象とした、より広範囲な経済統合を目指します。１９５７年3月、6カ国は、「欧州原子力共同体（ユーラトム）」とともに、「欧州経済共同体（ＥＥＣ）」の設立条約（ローマ条約）に調印。その後１９６７年に、ＥＣＳＣ、ユーラトム、ＥＥＣは、「欧州共同体（ＥＣ）」として再編成され、共通の機関（理事会や委員会）によって運営されるようになりました。

なお、その後、１９９３年のマーストリヒト条約（欧州連合条約）発効により、ＥＵが誕生し、司法・内務協力、共通外交・安全保障の分野での統合が進められました。さらに、２００９年のリスボン条約発効により、ＥＵとＥＣが一本化され、従来のＥＣもＥＵと呼ばれるようになりました。

共同体の目的の中核は、共同市場を設立することでした。共同体は、域内通商に対するあらゆる障壁を取り除き、各加盟国の市場を単一市場に統合し、物・人・サービス・資本が域内国境を越えて自由に移動できる共同市場の実現を目指してきました。

共同体の設立条約であるローマ条約は、「農業および漁業の分野における共通政策」を共同体の課題に掲げています。その第39条では、共通農業政策の目標は、

①技術的進歩を促進することによって、また農業生産の合理的発展と生産要素、特に労働力の最善の利用を確保することによって、農業生産性を向上させること

②特に農業従事者の個人所得を増加させることによって、農業人口に公正な生活水準を確保すること

③市場を安定させること

④供給の安定を確保すること

⑤消費者に対する合理的な供給価格を確保すること

とされています。

日本でも最近になって、ワイン造りが「農業」として意識されるようになってきましたが、ヨーロッパでは古代以来、それは当然の前提でした。このようなローマ条約の規定を根拠に、ＥＵレベルでのワインの共通政策が目指されてきたのです。

とはいえ、ワイン部門が共通農業政策の対象に含まれるにしても、穀物や牛乳などに適用されている制度をそのままワイン部門に導入するのは困難です。ワインはあまりにも多様で、日常用ワインから高級ワインに至るまで、さまざまなワインがあり、一律に取り扱うことは不可能です。

各加盟国は、以前から各国独自のワイン法を持っていました。ラベル表示や醸造に関する基本的なルールやワイン市場の管理は、各国バラバラだったのです。フランスの厳格な制度とイタリア流の自由放任主義との妥協点を見いだすことは困難で、ワインの消費国でしかない国々とワイン造りが主要産業になっている国々との利害も一致しませんでした。

ワイン共通市場制度の発足

一般にＥＵワイン法と呼ばれているのは、共通農業政策の一環として制定された、ワイン部門の「**共通市場制度**（Organisation commune du marché）」に関わる一連の法秩序を指します。

ワインの共通市場制度が立ち上げられたのは１９６２年ですが、その後、ワイン市場の変化に直面し、繰り返し制度改革が試みられてきました。共通農業政策の中でも、ワイン部門に適用される制度は、最も複雑で技術的だといわれています。

制度発足当初、加盟国６カ国の間で合意された内容は、次のようなものでした。

①特定の地域では、伝統的な慣行を維持すること。

②「クオリティワイン」と「テーブルワイン」を法的に区別するが、ワインの格付けに関しては加盟国に広い裁量を認めること。

③ブドウの植え付けの自由は認めるが、「クオリティワイン」については生産上の厳格な条件を課し、特別な取り扱いを行うこと。また、「クオリティワイン」には、在庫補助や蒸留補助のような市場管理措置[*1]は適用されないこと。

＊1　市場管理措置：ワインの供給過剰を防ぐために、ワインを蒸留し、工業用アルコールとして用いる措置が設けられた。

このうち、伝統的な慣行や「クオリティワイン」と「テーブルワイン」の区別といった基本原則は２００８年の改革まで維持されます。他方で、ワインの供給過剰が顕著になってくると、早々にブドウの植え付けが規制されるようになりました。

１９７０年代以降の不況、そして各国におけるワイン消費量の減少は、市場における構造的供給過剰（つまり一時的な供給過剰ではない）をもたらします。余ってしまった大量のワインは、買い上げられ、蒸留されました。日常消費用の「テーブルワイン」だけでなく、高品質の「クオリティワイン」まで生産過剰となったため、買い取った余剰ワインを蒸留して工業用アルコールにするなどの市場管理措置が適用されるようになります。

外国からのワイン輸入を阻止しようという動きも見られました。南仏の生産者は、安価なイタリアワインがフランスのワイン造りを圧迫していると考え、セート（Sète）の港に集結。ワインの輸入に対する抗議運動を繰り広げました。

生産量を抑制するためには、ブドウ樹の抜根を奨励する措置がとられました。しかし、それも根本的な解決にはなりませんでした。

2008年改革の背景

共同体の当初の加盟国は6カ国だけでしたが、その後、徐々に増えていきます。1980年代以降、ギリシャ、スペイン、ポルトガルといったワイン生産国が加盟し、2004年には、東欧など10カ国がEUに加盟。2007年に加盟したブルガリアとルーマニアもワインの大生産国です。

加盟国が増えるにつれ、EU全体でのワイン生産量が増加する一方で、加盟国の1人当たりのワイン消費は、むしろ減少傾向にありました（現在もこの傾向は顕著です）。欧州の「北側」に位置する国々ではワイン消費量の増加が見られるものの、フランスやイタリアなど伝統的な生産国では、ワイン消費量は激減していました。

こうした状況の中で、競争力の高い新世界のワインが、EU域内および域外でシェアを伸ばしていきます。欧州のワイン生産者たちは熾烈な競争にさらされ、構造的な生産過剰により、需要と供給のバランスが崩れた状態が続いたのです。余剰ワインは年間生産量の15パーセントにまで達し、ワイン共通市場制度の予算13億ユーロのうち、毎年5億ユーロが余剰ワインの処理のために投入される状況でした。

こうして、EU産ワインの競争力を高めるとともに、市場における需要と供給の不均衡を是正し、ワイン生産の持続可能性を確実にするべく、根本的な改革が求められることになったのです。

２００８年改革の目的

改革の目的として掲げられたのは、次の点です。

①ＥＵのワイン生産者の競争力を高め、その優良ワインが世界最高レベルであるという社会的評価を確立し、市場シェアを回復すること。

②複雑なルールを簡略化し、需要と供給の不均衡を解消できるような制度を確立すること。

③農村振興、環境保全、ワイン造りの伝統を維持すること。

２００７年７月に提案された改革案は、いくつかの点で修正されました。例えば、当初の提案は、ブドウの栽培制限制度を２０１３年末で廃止し、翌年１月より新規植え付けが自由化されるとしていましたが、その廃止は延期されることになり、ＥＵレベルでは、２０１５年末の廃止、加盟国レベルでは、その廃止を２０１８年末まで先送りすることが決まりました。しかし、これでも反発は強く、大多数のワイン生産国が自由化の撤回を要求。結局、加盟国は毎年最大1パーセントまでしかブドウ畑の拡大を許可することができないという形での規制が残されました(欧州議会および理事会規則1308-2013号63条)。

また当初は、濃縮果汁による補糖を奨励するために、ショ糖による補糖を禁止する措置が提案されていました。売れないワインを濃縮果汁にして補糖に用いれば、その分、余剰が減少するからです。しかし、ショ糖を添加する場合に比べて、濃縮果汁による補糖はコストがかかるため、多くの加盟国が反対。最終的には、ショ糖の添加が認められることになり、添加量の制限が盛り込まれるにとどまりました。

改革を通じた競争力の強化

2008年改革の内容は多岐にわたりますが、醸造に関しても、競争力強化の観点から改革が試みられました。

新興国では、醸造に関する規制はそれほど厳しくなく、樽の香りをワインに付けるためにオークチップを使ったり、赤ワインと白ワインをブレンドしてロゼワインを造ったりすることも広く行われています。

そこで、EUでも、このような醸造法を認める改革案が提案されました。しかし、ロゼのブレンド製法解禁については、南フランス・プロヴァンス地方の生産者が、ロゼの伝統を破壊するものであるとして激しく反発。結局、解禁案は撤回されました。オークチップの使用については、条件付きで認められることになりましたが、原産地呼称ワインについては、引き続き禁止されています。

新世界ワインの場合、ラベルの表示についても規制が厳しくなく、産地名のないワイン（生産国名だけを記載したワイン）でも、品種名や醸造年を表示することが可能です。特に品種名の表示は、ヴァラエタルワイン*2の流行により、市場では大きなセールスポイントになります。これに対して、ＥＵ産ワインの場合、原産地呼称ワインのような一定の基準を満たしたワインでなければ、品種名も醸造年も表示できませんでした。これでは、域外での競争で不利であるという不満がＥＵの生産者にあり、２００８年の改革で、規制の緩和が試みられたのです。

*2　ヴァラエタルワイン：単一品種で造られ、その品種名がラベルに明記してあるワイン。

ＥＵワイン法の構成

２００８年の改革に伴い制定されたＥＵ法は、各加盟国の代表（農相）によって合意された理事会規則、そして、これに基づいて欧州委員会が制定した複数の委員会規則に分かれており、単一の法典の形はとっていません。ベースとなるのは、

「理事会規則479-2008号」で、支援措置、規制措置、第三国との貿易、生産調整措置という四つの部分からなっています。そして、この規則の施行規則として、**貿易、生産調整・各種補助金（委員会規則555-2008号）**、**醸造行為規則（委員会規則606-2009号）**、**ラベル表示規則（委員会規則607-2009号）**等々が欧州委員会レベルで定められています。

「理事会規則479-2008号」は、ワインの共通市場制度のみを定めたものでしたが、その後すぐに、ワイン以外の産品も加えた単一の理事会規則に併合されます（理事会規則1234-2007号を改正する理事会規則491-2009号）。

そしてさらに、2013年12月には、「**欧州議会および理事会規則1308-2013号**（農産物共通市場制度規則）」によって、「理事会規則1234-2007号」は全面改正され、条文番号も振り直されています。この新規則では、水産物以外のすべての農産物が対象になっているため、条文や別表の数も膨大です。

加盟国法に優位するEUワイン法

ＥＵの諸規則では、ブドウの植え付けからワインラベルの文字の大きさに至るまで、実に詳細な規定が置かれています。

図4　EUおよび加盟国のワイン法

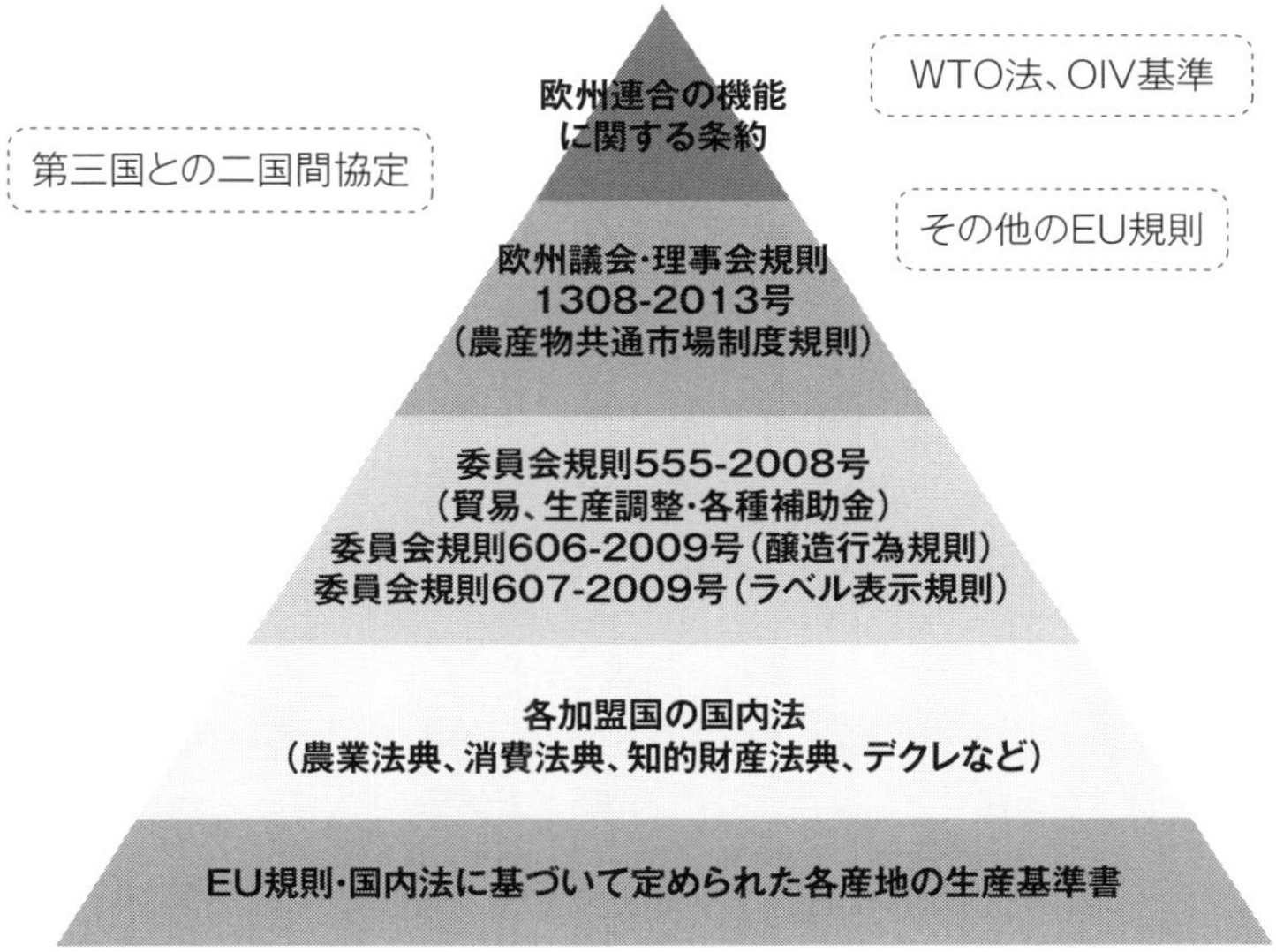

加盟国のワイン法や各産地の生産基準書は、EU レベルで定められた EU 規則に適合していなければなりません。第三国から EU に輸入されるワインも同様です。EU ワイン法のベースになるのは「欧州議会・理事会規則 1308-2013 号」ですが、そのほかにも、食品一般に適用される EU 規則があります。また、EU が第三国とワインに関する二国間協定を結び、例外的な措置を認めることがあります。さらに、WTO 法やワインの国際機関である OIV の定めた基準も、ワイン法の法源となっています。

2013年に加盟したクロアチアを合わせ、現在のEU加盟国は28カ国。そのすべての国は、規則を遵守することを義務付けられています。国内法化する必要のある「EU指令」とは違って、EUワイン法は、「EU規則」の形式で定められていますので、国内法化する手続きを経ることなしに、そのまますべての加盟国を拘束する法規範となります。

当初、国内法と共同体法とが矛盾する場合に、どちらが優先的に適用されるかは明確ではありませんでした。しかし、欧州司法裁判所（現在のEU裁判所）は、1964年の「コスタ対エネル事件判決」で、**共同体法の優位性（EU法の優越）**を明確にしました（111ページ参照）。

また裁判所は、個人や法人がEU法を直接援用して、EUや加盟国に対して訴えを提起することを認めています（1963年の「ファン・ヘント・エン・ロース事件判決」）。これを**EU法の直接的効力**といいます（111ページ参照）。

国内の裁判所が、ある事件を裁くときに、EU法の適用や有効性について疑義があるときは、自ら判断するのではなく、EU裁判所に判断を求めなければなりません。そして、そのEU裁判所の先決的判断が出てから、その判断に従って国内裁判所が事件を裁くことになっています。これを**先決裁定手続**や**先行判断手続**と呼んでいます。ワイン法の領域では、ＥＵ規則の規定の解釈が問題となる場合が少なくなく、ＥＵ裁判所の判例もワイン法の法源として重要です。

加盟国に認められる裁量

28のＥＵ加盟国の中には、伝統的に厳格なワイン法を持っている国もあれば、そうではない国もあります。ワインをほとんど生産せず、もっぱら輸入ワインに頼っている加盟国も少なくありません。

ＥＵ加盟国は、ＥＵ規則に反しない限りにおいて、加盟国独自の措置を定めることができます。ワイン産業支援のためのＥＵの補助金をどのように使うかも、ある程度加盟国の裁量に委ねられており、その国のワイン産業にとって必要な事業に、補助金を重点的に割り当てることが認められています（国別予算枠）。

例えば前述の「欧州議会および理事会規則１３０８-２０１３号」は、「ワイン」の定義に当たり、新鮮なブドウ・ブドウ果汁のみを原料として認めていますが、同時に、加盟国が国内法により、ブドウ以外のものを原料とした「アップルワイン」のような商品名の使用を認めることも、消費者がワインと混同しないことを条件に許されています。

また加盟国は、国内法により、特定のブドウ品種を使ったワインについて、その品種名の表示を禁止することもできます。例えばフランスでは「**地理的表示なしワイン**」というカテゴリーのワインについて、リースリング、ゲヴュルツトラミネール、アリゴテなどの品種名を表示することは、国内法で禁止されています。消費者が原産地呼称ワインと誤認する恐れがある場合には、品種名の表示を禁止することがＥＵ規則で認められているからです。

フランスのＡＯＣワインのように産地名を表示することができる「**地理的表示付きワイン**」の場合は、その産地の「**生産基準書**」を遵守して生産されたワインだけが、その地理的表示を使用することができます。第五章で詳しく触れますが、その生産基準書では、ブドウの品種や収量、生産地域の範囲などが決められることになっていて、いくらＥＵ規則を遵守して造られたワインであっても、生産基準書に定められた要件を満たしていなければ、地理的表示を使用することはできません。

二つの重要判決

コスタ対エネル事件判決（１９６４年）

「ＥＵ法の優越」は、イタリアの市民が電力会社を訴えた「コスタ対エネル（Costa v ENEL）」事件の欧州司法裁判所判決で確立された原則である。

電力会社エネルの株主であったコスタ氏は、その国有化に反対し、国有化はＥＣ（当時）の基本条約に違反するとして裁判を起こした。イタリアの裁判所から判断を求められた欧州司法裁判所は、ＥＣ加盟国の国内法よりもＥＣ法が優越すると判断。もしＥＣ法よりも国内法が優先して適用されるならば、ＥＣ法の実効性が害されることになってしまう、というのが理由だった。

ファン・ヘント・エン・ロース事件判決（１９６３年）

オランダに本拠を置くファン・ヘント・エン・ロース（van Gend & Loos）社が、ドイツから化学製品を輸入したところ、オランダ政府は国内法に基づき関税の支払いを命じた。これに対して同社は、関税支払命令がＥＣの基本条約（加盟国相互間に新たな関税を導入することを禁止）に違反するとして裁判を提起。裁判では、個人の権利が基本条約の規定から直接生じるかどうか、すなわち直接的効力の有無が争われた。

オランダ政府は、直接的効力を否定しようとしたが、欧州司法裁判所は、それを認めるに至り、個人がＥＣ法を直接援用して、ＥＣや加盟国に対して訴えを提起することができるという、ＥＵ法の直接的効力が肯定されることになった。

加盟各国のワイン法の歴史と概要

ＥＵワイン法の詳細に入る前に、ここでＥＵ加盟国の国内法について、その歴史と概要を簡単に説明しておきたいと思います。

フランスのワイン法

フランスワイン法の歴史については、詳しく述べたところですが、今日では、欧州統合により、国内法で規定できる領域は限られてきています。

確かに、農業法典、消費法典、知的財産法典の中に、ワイン法に関するさまざまな規定を見つけることができます。しかし、ワインのカテゴリーにしても、ＥＵワイン法に対応した改革がなされています。

ＡＯＣは、ＥＵワイン法にいう「**保護原産地呼称ワイン（ＡＯＰ**[*3]**）**」に位置付けられており、産地によっては、ＡＯＣからＡＯＰへのラベル表示の変更を行って

＊3　AOP：Appellation d'Origine Protégée（アペラシオン・ドリジーヌ・プロテジェ）。解説は139ページ。

いるところもあります。ただし、各産地の生産基準書で、これまでのＡＯＣ表記を維持することが認められています。またＡＯＣ表記となっていたヴィンテージワインをＡＯＰ表記のラベルに貼り替える必要もありません。

以前の「ヴァン・ド・ペイ」は、ＥＵワイン法にいう「**保護地理的表示ワイン（IGP**＊4**）**」に位置付けられ、こちらの方は、ほとんどＩＧＰの表示に切り替わっているようです。保護原産地呼称ワイン・保護地理的表示ワインのほかに、国名しか表示できない「**地理的表示なしワイン**」も生産されています。

登録されているＡＯＰ（従来のＡＯＣ）は、２０１１年12月末現在で３５７、ＩＧＰは75となっています。生産量を見ると、フランスワイン全体の約50パーセントがＡＯＰカテゴリーのワイン、約29パーセントがＩＧＰカテゴリーのワインとなっていて、地理的表示付きワイン全体の割合は、ほぼ８割です。

＊4　IGP：Indication Géographique Protégée（アンディカシオン・ジェオグラフィック・プロテジェ）。解説は１３９ページ。

イタリアのワイン法

イタリアは、フランスとともにワイン生産量のトップを争う伝統的なワイン生産国です。古代ローマ以来、イタリアではワイン産業が重要な位置を占めてきました。イタリアでは農業が主要産業になっていますが、その中でも、ワイン部門は農

表5　EUと加盟国のワインの分類

	EU法	フランス法	イタリア法	スペイン法	ドイツ法
地理的表示付きワイン	AOP (Appellation d'Origine Protégée) **保護原産地呼称ワイン**	AOC (Appellation d'Origine Contrôlée) 原産地呼称統制ワイン	DOCG (Denominazione di Origine Controllata e Garantita) 統制保証原産地呼称ワイン	VPC (Vino de Pago Calificado) 特選単一ブドウ畑限定高級ワイン	Prädikatswein 生産地限定格付け高級ワイン
			DOC (Denominazione di Origine Controllata) 統制原産地呼称ワイン	VP (Vino de Pago) 単一ブドウ畑限定高級ワイン	QbA (Qualitätswein bestimmter Anbaugebiete) 生産地限定上級ワイン
				DOCa (Denominación de Origen Calificada) 特選原産地呼称ワイン	
				DO (Denominación de Origen) 原産地呼称ワイン	
				VCIG (Vino de Calidad con Indicación Geográfica) 地域名称付き高級ワイン	
	IGP (Indication Géographique Protégée) **保護地理的表示ワイン**	IGP (Indication Géographique Protégée) 保護地理的表示ワイン	IGT (Indicazione Geografica Tipica) 典型的産地表示付きワイン	Vino de la Tierra 地方ワイン	Landwein 地方ワイン
地理的表示なしワイン	地理的表示なしセパージュワイン　※セパージュ（品種名）表示あり				
	地理的表示なしワイン　※セパージュ表示なし				

業総産出額の約8・2パーセントを占めています（2006年、Eurostat）。

　フランスで原産地呼称法が成立するよりもはるか前、18世紀の前半には、トスカーナ大公のコジモ3世・デ・メディチが、自国のワインをまがい物から保護するために、キャンティなどの有名な産地の線引きを試みています。20世紀前半には、バローロなどでも産地の画定が行われています。そして1924年、「優良ワインを保護するための法令（Disposizioni per la difesa dei vini tipici）」が制定されています。

　1963年2月、「ワイン用ブドウ果汁とワインの原産地呼称保護のための規則」の制定が政府に委ねられ、同年7月、大統領令として制定されました。

　この規則では、産地の画定による原産地呼称の認定、生産者の登録と生産量の申告、ワイン保護委員会（Consorzio）の設立、原産地呼称保護のための全国機関（Comitato nazionale per la tutela delle denominazioni di origine dei vini）の設立などが定められたほか、違反に対する罰則規定が置かれました。

　1963年法では、原産地呼称ワインに関して、「統制保証原産地呼称（DOCG）」（Denominazione di Origine Controllata e Garantita）、「統制原産地呼称（DOC）」（Denominazione di Origine Controllata）、「単純原産地呼称（DOS）」（Denominazione di Origine Semplice）という三つのカテゴリーが導入されました。統制保証原産地呼称

（DOCG）および統制原産地呼称（DOC）は、厳格な条件を満たしたワインのみに認められ、収量や最低アルコール濃度などについて厳しい基準が定められました。

この1963年法の対象は、原産地呼称ワインに限定されていたので、政府は1965年、すべてのワインに適用される「不正防止のための規則」を制定。ブドウのみを原料とすることや最低アルコール濃度に関する基準を設けました。

それにもかかわらず、1985～1986年ごろに「メタノール・ワイン」事件が発生。メタノールが混入されたワインがイタリアで発売され、それを飲んだ消費者が死亡ないし失明することとなり、この事件でイタリアワインの評判は地に落ち、信頼回復には長い年月を要しました。

その後1992年には、ワイン法が改正されて、「ワインの原産地呼称に関する新規則」が定められました。これによって新設されたのが、「典型的産地表示（Indicazione Geografica Tipica　略称IGT）付きヴィーノ・ダ・ターヴォラ（テーブル・ワイン）」です。原産地呼称ワインではありませんが、産地名の表示を許されたワインのカテゴリーで、その産地の伝統品種ではなく、国際品種を使うことも可能になりました。

現在では、イタリアワインのカテゴリーは上から、

①統制保証原産地呼称ワイン（DOCG）
②統制原産地呼称ワイン（DOC）
③典型的産地表示付きヴィーノ・ダ・ターヴォラ（IGT）
④地理的表示なしワイン

となっています。

EUワイン法では、DOCGとDOCワインは「保護原産地呼称ワイン」に相当し、IGTワインは「保護地理的表示ワイン」に位置付けられています。

イタリアワインのうち、DOCおよびDOCGワインの生産量は、全体の約31パーセントを占めるにとどまっており、約33パーセントがIGTワイン、残りの約35パーセント程度が地理的表示なしワインとなっています。ただし、登録されているDOCG、DOC、IGTの数は極めて多く、その合計はフランスのAOC（AOP）、IGTの合計を上回り、500を超えています。

スペインのワイン法

スペインは世界最大のブドウ栽培面積を誇っています。2013年にOIVが発表したブドウ栽培面積の統計によれば、スペインが約１０２万ヘクタールで不動の第1位。約80万ヘクタールのフランス、約77万ヘクタールのイタリアを大きく引き離しています。

しかし生産量は、フランスとイタリアに次いで第3位。栽培面積に比べて生産量が少ないのは、灌漑《かんがい》が規制されていたことや、樹齢の高いブドウ樹が多いことなどが理由として挙げられています。またスペインワインは安価なものが多く、生産額は12億ユーロ程度にとどまり、生産量が同国の５分の１程度であるドイツにも及びません。

スペインでは、18世紀からワインの品質を保持するための法令が定められていました。その後、フランスと同じく、20世紀前半に、原産地呼称制度が整備されていきます。１９０２年に「リオハワインの原産地を定める王令（Real Orden）」が制定され、１９２６年には「リオハの原産地呼称統制委員会（Consejo Regulador）」が設立。そして、１９３２年の「ワイン法（Estatuto del Vino）」によって、「原産地呼称（Denominación de Origen）制度」が導入されました。リオハのほかにも、ヘレス（シェリー）やマラガなどで原産地呼称統制委員会が設立され、各地のワインは、これらの委員会による統制の下で、栽培・醸造方法に関する諸要件を遵守しながら、産地を名乗っていくことになりました。

フランコ政権末期の１９７０年には、「ブドウ畑、ワインおよびアルコール飲料に関する法令（Estatuto de la viña, del vino y de los alcoholes）」が制定。同法に基づいて、全国原産地呼称機関（Instituto Nacional de Denominaciones de Origen）が新設されました。

スペインはフランコの死後、民主化を進め、１９８６年にはＥＣに加盟。これにより、スペインの国内法もＥＣの法規範に合わせて調整する必要が生じました。

現在のスペインワインのカテゴリーは、

①特選単一ブドウ畑限定高級ワイン（ＶＰＣ）

「ビノ・デ・パゴ・カリフィカード（Vino de Pago Calificado）」

②単一ブドウ畑限定高級ワイン（ＶＰ）

「ビノ・デ・パゴ（Vino de Pago）」

③特選原産地呼称ワイン（ＤＯＣａ）

「デノミナシオン・デ・オリヘン・カリフィカーダ（Denominación de Origen Calificada）」

④原産地呼称ワイン（DO）

「デノミナシオン・デ・オリヘン（Denominación de Origen）」

⑤地域名称付き高級ワイン（VCIG）

「ビノ・デ・カリダ・コン・インディカシオン・ヘオグラフィカ（Vino de Calidad con Indicación Geográfica）」

⑥地方ワイン

「ビノ・デ・ラ・ティエラ（Vino de la Tierra）」

⑦地理的表示なしワイン

があります。①〜⑤はＥＵ法における「保護原産地呼称ワイン」に位置付けられ、⑥のビノ・デ・ラ・ティエラが「保護地理的表示ワイン」に位置付けられます。

保護原産地呼称ワインの登録件数は90件で、生産量は全体の38パーセント。ビノ・デ・ラ・ティエラが41件で、生産量は全体の６パーセントとなっています（２０１１年12月末現在）。

しかし、これらのワインの生産量を合計しても、スペインで生産されるワインの半数に達しません。これら以外は、すべて地理的表示のないワインです。

ドイツのワイン法

ドイツのブドウ栽培面積は10万ヘクタール弱で、スペインの10分の1以下（生産量は先に述べたように5分の1程度）ですが、高品質ワインの生産が多く、生産額で見るとスペインを上回っています。リースリングの栽培面積は世界一で、ヴァイスブルグンダー（ピノ・ブラン）が世界第2位、シュペートブルグンダー（ピノ・ノワール）も世界第3位の栽培面積となっています。日本では、ドイツワインといえば甘口の白ワインのイメージが強烈ですが、実際には6割以上が辛口・中辛口のワインで、赤ワインの割合が全体の30パーセントを超えています。

ドイツでは、ワインに関する規制は古くから存在していました。例えば、13世紀の半ばには、ワインの水増しを行った者、またはその他の方法でワインを変造した者は盗人と見なされるという都市法が存在していました。１４８７年の「フリードリヒ3世のワイン条令」は、添加物などの使用を制限し、違反に対する処罰や監視人の設置義務を定めていました。しかし、ＥＣのワイン共通市場制度の発足に伴い、ドイツのワイン法は大幅に改正されました。

ドイツワインは、その品質により、四つのカテゴリーに分けられます。

①生産地限定格付け高級ワイン

「プレディカーツヴァイン（Prädikatswein）」

②生産地限定上級ワイン（ＱｂＡ）

「クヴァリテーツヴァイン・ベシュティムター・アンバウゲビーテ（Qualitätswein bestimmter Anbaugebiete）」

③地方ワイン

「ラントヴァイン（Landwein）」

④地理的表示なしワイン

ＥＵ法との関係では、①のプレディカーツヴァインと②のＱｂＡが「保護原産地呼称ワイン」、③のラントヴァインが「保護地理的表示ワイン」に位置付けられています。

ドイツのワイン法において特徴的なのは、発酵前のブドウ果汁の糖度が格付けの基準とされている点です。緯度が高く、冷涼な地帯に位置するドイツならではの制度だといえるでしょう。糖度の測定には、「エクスレ度*5」という単位が用いられています。

＊5　エクスレ度：果汁の糖度を調べる比重計で示される数値

他方で、辛口ワインのイメージを確立するために、高品質な辛口ワインのカテゴリーとして、「クラシック（CLASSIC）」と「セレクション（SELECTION）」が誕生し、２０００年に醸造されたワインから導入されました。

原則として単一ブドウ品種を使用したワインに適用され、「クラシック」は、ドイツのワイン法で指定されたＱｂＡ生産地域＊6のうちの一つの地域内で収穫されたブドウのみを原料とし、アロマが豊かで、バランスの取れた辛口ワインが対象となります。「セレクション」は、「クラシック」よりも厳しい基準を満たした辛口ワインのカテゴリー。ＱｂＡ生産地域内に位置する単一畑のブドウのみを原料とし、指定された伝統的な品種を使用したものでなければなりません。

ドイツでは、ＥＵ法でいう「保護原産地呼称ワイン」の生産がほとんどで、全体の90パーセント以上を占めています。

＊6　ＱｂＡ生産地域：モーゼル・ザール・ルーヴァー、ラインガウ、ラインヘッセン、ファルツ、ナーエ、アール、ヘジッシェ・ベルクシュトラーセ、ヴェルテンベルク、フランケン、ザクセン、ザーレ・ウンシュトルート、ミッテルライン、バーデン。

ドイツのプレディカーツヴァイン

プレディカーツヴァインは、ドイツワインのカテゴリーで最上位に位置し、「生産地限定格付け高級ワイン」と訳されている。ブドウ果汁の最低糖度がＱｂＡよりも高く、補糖は一切禁止。果汁糖度によって、次の６段階の等級に分けられる。

①カビネット（Kabinett）

通常の収穫時期に、収穫規定に合う十分に熟したブドウを原料としたもの。アルコール度数は7度以上、最低エクスレ度は品種・地域により70～85度。

②シュペートレーゼ（Spätlese）

カビネットの収穫時期より1週間以上遅く収穫した遅摘みのブドウを原料としたもの。アルコール度数は7度以上、最低エクスレ度は品種・地域により76～95度。

③アウスレーゼ（Auslese）

完熟したブドウの房の中から、良質の果実房だけを選んで原料としたもの。アルコール度数は7度以上、最低エクスレ度は、品種・地域により、83〜105度。

④ベーレンアウスレーゼ（Beerenauslese）

超完熟の果粒を1粒ずつ選んで摘採したものを原料としたもの。アルコール度数は5・5度以上、最低エクスレ度は地域により110〜128度。

⑤アイスヴァイン（Eiswein）

完熟状態で氷結して糖度が濃縮されたブドウの果実を原料としたもの。アルコール度数は5・5度以上、最低エクスレ度は地域により110〜128度。

⑥トロッケンベーレンアウスレーゼ（Trockenbeerenauslese）

貴腐菌付着等の原因により超完熟で乾燥した果実を原料としたもの。アルコール度数は5・5度以上、最低エクスレ度は150度（一部地域は154度）と定められている。

第四章

ワインの定義

ワインとは何か？

EUワイン法の対象品目

さて、ここからEU法を中心に、ワイン法の内容について詳しく見ていきましょう。第一章で述べたように、ワイン法に普遍的に規律されなければならない事項として、**①ワインの定義**、**②原産地呼称**、**③ラベル表示のルール**の三つがあります。

まず、ワイン法に規定しなければならないのは、「ワインの定義」です。ワイン法が適用される産品をあらかじめ限定する必要があります。ここで、ＥＵワイン法の定義と分類を少し詳しく紹介します。

ＥＵワイン法のベースになる「欧州議会および理事会規則１３０８-２０１３号」は、ワイン法が適用されるブドウ生産物として次の17品目を列挙しています。

---

①ワイン (vin)
②発酵中のワイン (vin nouveau encore en fermentation)
③ヴァン・ド・リクール (vin de liqueur)
④ヴァン・ムスー (vin mousseux)
⑤優良ヴァン・ムスー (vin mousseux de qualité)
⑥芳香性優良ヴァン・ムスー (vin mousseux de qualité de type aromatique)
⑦炭酸ガス添加ヴァン・ムスー (vin mousseux gazéifié)
⑧ヴァン・ペティアン (vin pétillant)
⑨炭酸ガス添加ヴァン・ペティアン (vin pétillant gazéifié)
⑩ブドウ果汁 (moût de raisin)
⑪部分発酵ブドウ果汁 (moût de raisins partiellement fermenté)

⑫乾燥ブドウ由来の部分発酵ブドウ果汁
(moût de raisins partiellement fermenté issu de raisins passerillés)
⑬濃縮ブドウ果汁 (moût de raisins concentré)
⑭濃縮ブドウ調整果汁 (moût de raisins concentré rectifié)
⑮乾燥ブドウ原料ワイン (vin de raisins passerillés)
⑯過熟ブドウ原料ワイン (vin de raisins surmûris)
⑰ワインビネガー (vinaigre de vin)

ちなみに、ヴァン・ド・リクールとは、ブドウの発酵果汁にアルコールを添加して発酵を中止させた甘口ワイン。またヴァン・ムスーは、気温20℃におけるガス圧3バール以上の発泡性ワイン（優良ヴァン・ムスーは3・5バール以上）で、ヴァン・ペティアンは、ガス圧1バール以上2・5バール以下の弱発泡性ワインと定義されています。

EU法におけるワインの定義

EUワイン法の定義によれば、ワインとは「**破砕された、もしくは破砕されてい**

ない新鮮なブドウ、またはブドウ果汁を部分的または完全にアルコール発酵させて生産されたもの」に限定されています。

ただし前述したように、加盟国の裁量で、ブドウ以外の果物を発酵させて製造された産品についても、その果物の名称を併用するなどして「ワイン」という表現を許可することもできるとされています。しかしその場合は、消費者がワインと混同しないようにしなければなりません。実際、ドイツでは「Apfelwein（リンゴワイン）」が、イギリスでは「Cherry Wine（サクランボワイン）」といった商品が流通しているようです。

またEUの中には、地中海沿岸の温暖なワイン産地もあれば、英国やドイツのように冷涼な産地もあります。気候条件を無視して、すべての産地に同じ基準を適用することは不可能です。そこでEUワイン法では、ワイン生産地を六つのゾーン（A、B、CⅠ、CⅡ、CⅢa、CⅢb）に分けて*1、ゾーンごとに異なるアルコール濃度の下限や補糖・補酸の基準などを定めています。

アルコール濃度の下限は原則として、ゾーンAおよびゾーンBでは、8・5パーセント。その他のゾーンでは9パーセントです（ただしアイスヴァインなどは、例外的にアルコール濃度が8・5パーセント以下でも認められることになっていま

＊1　ゾーンA：ドイツの一部、ベルギー、イギリス、ルクセンブルク、北欧諸国など
ゾーンB：アルザス・シャンパーニュなどフランスの一部、ドイツの一部、オーストリアなど
ゾーンC（CⅠ～CⅢb）：ブルゴーニュ、南欧など

す。しかし、それでもEU法の下限は4・5パーセントであり、アルコール濃度2～3パーセント程度の「トカイ・エッセンシア」は、いわば例外中の例外です)。上限は15パーセントと定められています。

また総酸度は、原則として、酒石酸換算で1リットル当たり3・5グラム以上。これらの基準に適合しないものは、たとえ新鮮なブドウを原料としていても、「ワイン」と称することはできません。

アルコール0パーセントでもワイン?

それでは、「ノンアルコールワイン」といった表示は、EUワイン法で認められるのでしょうか? 定義に従えば、原則としてアルコール濃度8・5パーセントないし9パーセント未満の商品は、「ワイン」とは名乗ることができないはずです。

以前、南仏の協同組合が、「アルコールなしワイン(Vin sans alcool)」という名称で、アルコールを除去したワインベースの飲料を商品化し、広告を行っていたため、フランスの不正防止監督局によって摘発され、起訴されるという事件が起こりました。EUワイン法の解釈が必要となる事件でしたので、フランスの裁判所は、欧州司法裁判所(EUの裁判所)に判断を求めました。これに対して1991年7

月25日、欧州司法裁判所は、次のような判断を示しました。

ＥＵ法におけるワインの定義に合致しない商品を「ワイン」という名称で販売することは禁止されている。発酵過程を経て、アルコールを含有している商品だけが合法的にワインと名乗ることができる。

しかしながら、ブドウ以外の果実を原料とする商品に、その果実の名称とともに「ワイン」の名称を使用したり、「ワイン」という文言を部分的に含む商品名を使用したりすることは、加盟国の裁量で認めることもできる。定義に合致しない商品に「ワイン」の名称をつけることの可否については、国内裁判所の判断に委ねられるのであり、「アルコールなしワイン」といった表現が国内法で許されるかどうかは、国内裁判所が確認すべきである。

（CJCE, Affaire C-75/90, Recueil de jurisprudence 1991 page I-04205 より引用）

以上のような欧州司法裁判所の判断を受けて、フランスの裁判所は無罪判決を下しました。その理由として、問題の商品には、「ワイン」という文言の前後に「アルコールなし」とか「0度」といった文言が明記されていて、消費者が混同する恐れはないからだ、と裁判所は述べています。

EU法以外の定義

EU以外でも、ワインは、法律上きちんと定義されています。

例えば、オーストラリアのワイン法に相当する「オーストラリアワイン・ブランデー公社法」(Australian Wine and Brandy Corporation Act) では、

「ワイン」とは、新鮮なブドウもしくは新鮮なブドウのみによって造られる産品の完全なあるいは部分的な発酵によるアルコール飲料をいう

と明確に定義されています。また、原料となる「新鮮なブドウ」についても、「水分60パーセント以上のブドウをいう」と規定されています(「オーストラリアのワイン法」高橋梯二著 日本醸造協会誌107巻6号より引用)。

アメリカ合衆国のワイン法「アルコール管理法に基づく連邦規則コード・タイトル27」にも、ワインの定義・分類が規定されています。ワインは「ブドウワイン」

というカテゴリーになるのですが、

健全で熟したブドウの果汁（純粋な濃縮果汁を含む）のアルコール発酵によるもので、発酵の後に純粋な濃縮ブドウ果汁を添加してもよい。また、ブドウによるブランデー又はアルコールを添加してもよいが、他のものの添加は許されない。

（「アメリカのワイン法の概要」高橋梯二・宇都宮仁訳『のびゆく農業』通号998　一般財団法人農政調査委員会より引用）

と定義されています。

そして、ワインの国際機関であるＯＩＶが定めた国際醸造規範（Code international des pratiques oenologiques）には、以下のような定義がなされています。

ワインとは、破砕された、もしくは破砕されていない新鮮なブドウ、またはブドウ果汁を部分的または完全にアルコール発酵させて生産された飲料のみをいう。その既得アルコール濃度は、８・５パーセントを下回ってはならない。

しかしながら、気候、テロワールまたは品種の特性、特定のブドウ畑に固有の伝統または特殊な品質的要因を考慮し、最低総アルコール濃度は、当該地域の特別法により、7パーセントにまで引き下げることができる。

EU加盟国の多くがOIVに加盟していることもあり、OIVの定義がEUワイン法の定義に、ほぼ一致することにお気付きでしょう。いずれにしても、合衆国と中国を除いた大多数のワイン生産国がOIVに加盟している現状に鑑みると、このOIVの定義こそが、世界で通用するワインの定義であると考えられます。

ワインの分類

EU法におけるワインの分類

ＥＵワイン法に定められた定義に合致しさえすれば、ＥＵでワインとして販売することができます。しかしワインは極めて多様です。そこで、ワインの多様性を無視して、画一的にワイン法を適用するのではなく、ワインを分類し、ワインのカテゴリーに応じた規定を適用することが必要になります。なお、ここで問題になるのは、**ワイン法上の分類**です。赤、白、ロゼ、ライトボディ、フルボディ、甘口、辛口などの分類のことではありません。

ＥＵでは、１９６２年のワイン共通市場制度の立ち上げと同時に、ワインに二つのカテゴリーが導入され、２００８年の改革までこれが維持されてきました。

すなわち、特定の地域で生産された「**クオリティワイン（VQPRD**[*2]**）**」と日常消費用の「**テーブルワイン（Vin de Table）**」という区分です。このうち「クオリ

＊2　VQPRD：Vin de Qualité Produit dans une Région Déterminée

ティワイン」については、「その名称が限定された地域に由来し、特別な品質的特性を有し、かつ、生産・流通に関するEU法および国内法の要件を満たしているワイン」と定義されていました。

「クオリティワイン」というのはEUレベルの概念ですが、もともとあった各加盟国の国内法に基づく分類に対応しています。すなわち、フランスのAOC、かつてのVDQS、スペインのDOCaおよびDO、イタリアのDOCGおよびDOCといったものが、ここでいうクオリティワインに該当するものとされ、この要件を満たさないものが「テーブルワイン」とされていました。

ところが、EUのテーブルワインのカテゴリーの中に、フランスのヴァン・ド・ペイのように、産地名の表示を認められたテーブルワインと、生産国名の表示しかできないテーブルワイン（狭義のテーブルワイン*3）が併存する状態となっていました。つまり、産地名の表示が認められているものの中にクオリティワインに属するものもあれば、テーブルワインに位置付けられるものもあるわけで、消費者にとって分かりにくい制度になっていたのです。

そこで、**2008年の改革**では、ワインの分類の簡略化が試みられました。

*3　狭義のテーブルワイン：従来のEUワイン法では、テーブルワインに分類されるワインであっても、産地名を表示することが許されるものがあった。これに対して、複数の産地のブドウをブレンドするなど、ヴァン・ド・ペイ等の基準に適合せず、産地名も表示できない（国名のみ表示可能）テーブルワインのことを、ここでは便宜上「狭義のテーブルワイン」と呼ぶことにする。

現在のワインの分類

２００８年の改革以前は、「特別な品質的特性」を持つワインであるかどうかが分類の基準でした。これに対して、新たなワインの分類では、「**地理的表示付きワイン**」と「**地理的表示なしワイン**」という区分を基礎にしつつ、その次に、サブカテゴリーとして、その他の要素に基づく分類を導入するという方法がとられることになりました。

「地理的表示付きワイン」のサブカテゴリーとして設けられたのが、「**保護原産地呼称（ＡＯＰ）**」と「**保護地理的表示（ＩＧＰ）**」です。すでに農産物・食品については、このような制度が導入されていましたので、ワインの地理的表示についてもそれに倣う形となったのです。

地理的表示付きワインの二類型

「地理的表示付きワイン」のサブカテゴリーとして設けられた**ＡＯＰ**ワイン（英語表記はＰＤＯ）と**ＩＧＰ**ワイン（英語表記はＰＧＩ）について、ここで簡単に説明しておきましょう。

まず、ＡＯＰとして登録され、保護されるための条件として、

「そのワインの品質および特性が、本質的または排他的に、固有の自然的・人的要素および特別な地理的環境に由来すること」が必要です。具体的には、指定された地理的区域内でワインを生産することが義務付けられていて、原料については、「当該産地のブドウを１００パーセント使用し、かつ、ヴィティス・ヴィニフェラ種*4に属する品種を１００パーセント使用しなければならない」とされています。

これに対して、ＩＧＰの条件は、ＡＯＰに比べると若干緩やかです。「そのワインが、地理的由来に帰せられるべき品質、社会的評価、またはその他の特性を持っていること」が条件とされています。ＡＯＰと同じく、指定された地理的区域内でワインを生産することが義務付けられてはいますが、原料については、「当該産地のブドウを85パーセント以上使用すること」とされ、ヴィティス・ヴィニフェラ種に属する品種のほか、ヴィティス・ヴィニフェラの交配品種の使用も可能です。ＡＯＰワインでは官能審査が義務付けられているのに対して、ＩＧＰワインではその実施が任意とされている点でも違いが見られます。

概していえば、ワインの品質・特性と産地との結び付き、使用されたブドウの由

*4 ヴィティス・ヴィニフェラ種：ブドウ属（ヴィティス）の中でも、醸造用として古くから用いられてきた種。ワイン醸造に最も適しているとされる。

図6　EU法によるワインの分類

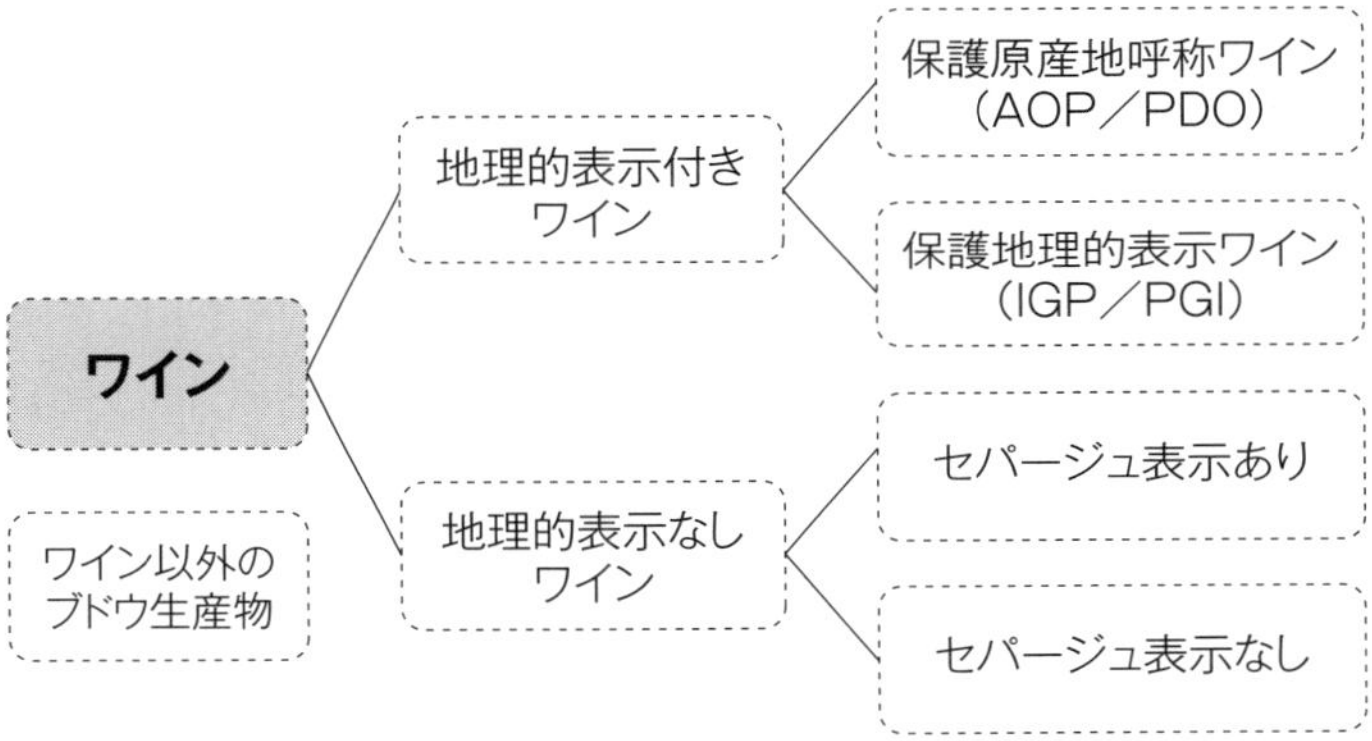

ＥＵ法上の分類として、地理的表示付きワインと地理的表示なしワインに大きく分けられます。また、地理的表示付きワインには、さらに2つのカテゴリーが定められています。

表7　AOPとIGPの違い

	保護原産地呼称ワイン（AOP ／ PDO）	保護地理的表示ワイン（IGP ／ PGI）
国内法上のカテゴリー	・AOC（フランス） ・DOCG、DOC（イタリア） ・DOCa、DO（スペイン） ・Prädikatswein、QbA（ドイツ） など	・IGP（フランス） ・IGT（イタリア） ・Vino de la Tierra（スペイン） ・Landwein（ドイツ） など
産地とワインの関係	・固有の自然的、人的要素 ・特別な地理的環境	・品質 ・社会的評価 ・その他の特性 のいずれか
その産地のブドウの使用割合	100%	85 ～ 100% （ただし外国の原料は使用不可）
品種	ヴィティス・ヴィニフェラのみ	ヴィティス・ヴィニフェラ交配種も使用可
官能審査	必須	任意 （産地により必須）

ＩＧＰに比べて、ＡＯＰには、より厳格な要件が課されています。

来や品種の点で、ＩＧＰよりもＡＯＰの要件が厳格であるということができます。

ＥＵで登録されているワインのＡＯＰ・ＩＧＰは、加盟国合計で１５００件を超えます。最も多いのがイタリア、それに続くのがフランスで、この２カ国だけで、全加盟国の登録数の過半数を占めています。

なお、一般の食品・農産物で、ＡＯＰに登録されているものには、イタリアのパルマ・ハムやフランスのロックフォール・チーズなどがあり、ＩＧＰとして登録されているものには、チェコのバドワイザー・ビール（もちろんアメリカ産のビールではありません）、ドイツのニュルンベルガー・ブラートブルスト（ソーセージ）、フランスのプルノー・ダジャン（アジャンのプルーン）などがあります。

表8　EU加盟諸国のAOP･IGP登録件数 (2011年12月末現在)

	AOP	IGP	合計
イタリア	402	119	521
フランス	357	75	432
ギリシャ	33	114	147
スペイン	90	41	131
ブルガリア	52	2	54
ルーマニア	37	13	50
ポルトガル	30	10	40
ドイツ	13	26	39
ハンガリー	30	5	35
オーストリア	26	3	29
スロベニア	14	3	17
チェコ	11	2	13
オランダ	0	12	12
キプロス	7	4	11
ベルギー	7	2	9
スロバキア	7	1	8
デンマーク	0	4	4
イギリス	2	2	4
マルタ	2	1	3
ルクセンブルク	1	0	1
合計	1,121 (72%)	439 (28%)	1,560 (100%)

ＥＵ全体では1121件のＡＯＰ、439件のＩＧＰが登録されています。国別で見るとイタリアとフランスが多く、この2カ国だけで、過半数を占めています。

（出所：欧州委員会 DG AGRI）

第五章

原産地呼称を知る

ワイン産地を保護するしくみ

産地を保護する必要性

次に「原産地呼称（産地を名乗るためのルール）」について見ていきましょう。

ワインの品質や価格は、その産地によって大きく異なります。それゆえ、「ボルドー」、「シャンパーニュ」、「ブルゴーニュ」といった社会的評価が高い、有名な産地の名称は、たびたび侵害されてきました。他所の原料を使いながら有名産地を名乗った「産地偽装ワイン」が売られると、その産地の評価自体が落ちてしまう恐れがあります。

こうした不正行為を阻止するために、産地名を表示するためのルールが作られ、それを保護し、管理する制度が導入されました。１９３５年法に基づき導入されたフランスの「ＡＯＣ制度」がその代表例です。やがて、ワイン産地の名称を国際的に保護しようという取り組みも広がります。

ここでは、いわば原産地呼称制度の発祥の地であるＥＵにおいて、どのように産地が保護されているのかを紹介しましょう。

ワインと産地の関連性を示す方法には、大きく分けると次の三つがあります。

①原産国の表示
②地理的表示
③原産地呼称

産地との関連性を示す方法①原産国の表示

第一は、原産国の表示です。そのワインがどの国で造られたのかという表示で、「メイド・イン・ジャパン」、「メイド・イン・フランス」といった国名が示されます。フランスワイン、イタリアワイン、日本ワインなど、私たちは生産国名を手掛かりにワインを選ぶことがあります。

しかし、あくまで国レベルの表示にとどまり、その国のどこで収穫されたブドウを使ったのかという産地に関する情報を得ることはできません。また、日本の場合は、「メイド・イン・ジャパン」のワインでも、原料は外国から輸入されたものであることが多く、「国産」という表示は誤解を招くだけで、まったくあてになりません。

産地との関連性を示す方法②地理的表示

第二に、世界貿易機関（ＷＴＯ）で用いられる「地理的表示」という概念があります。これは、ワインなどの産品の社会的評価に立脚し、知的財産権の一つとして保護されるべきものとされています。品質が優れているかどうかはともかく、その産地名が有名だから偽物が出回る可能性がある。だから、その有名な産地の名称を保護しようというのが狙いです。

①の原産国の表示は国名だけですが、この地理的表示の場合は、原則として、国よりも限定された地域の名称が対象になります。例えば、州、県、市町村、またはさらに限定された地理的区域の名称（ワインの場合は限定されると、③の原産地呼称になることが多い）が保護されるのです。

この第二の概念に対応するのが、ＥＵ法の「保護地理的表示（ＩＧＰ）」です。一般的な食品・農産物の場合、ＩＧＰとして保護されるためには、その産品の社会的評価または品質が、その産地と結び付いていることが必要で、その産品の製造・加工・調整のいずれかが、その産地内で行われなければなりません。

ＩＧＰとして保護されているものに、スコッチ・ウイスキーがあります。原料はスコットランド以外のものも使われていますが、蒸留がスコットランドで行われれば、ＩＧＰですので、スコッチ・ウイスキーを名乗ることができるのです。

もっとも、同じＩＧＰでも、ワインの場合は、原料がどこでもいいわけではありません。前述のようにＥＵワイン法は、ＩＧＰカテゴリーのワインの原料の産地について要件を定めているからです。ワイン産地がＩＧＰとして保護されるには、その産地のブドウを85パーセント以上使用し、ヴィティス・ヴィニフェラ種に属する品種、またはヴィティス・ヴィニフェラの交配品種を用いることが必要です。ほかの産地のブドウを15パーセント以上使うことはできませんし、どんな品種を使っていいわけでもありません。

産地との関連性を示す方法③原産地呼称

第三は、原産地呼称です。ＥＵ法の「保護原産地呼称（ＡＯＰ）」やフランスの「アペラシオン・ドリジーヌ・コントロレ（ＡＯＣ）」がこれに該当します。「ボルドー」、「シャンパーニュ」、「ブルゴーニュ」といった産地の名称は、原産地呼称として保護されています。

これもまた知的財産権の一種で、②の地理的表示の概念と重複しますが、地理的表示よりも、産地との強い結び付きが求められます。単にその産地名が有名であれば保護されるというのではなく、その産地と結び付く品質や特性を持った産品でなければなりません。原料もすべて、その産地のものを使わなければなりません。

従って、ワインの場合は、その産地のブドウを１００パーセント使用し、ヴィティス・ヴィニフェラ種に属する品種のみを使用することが条件となっています。さらに、一定のレベルの品質を保つため、官能審査を実施することが義務付けられています。

産地を保護するための手続き

保護されるための基準、「生産基準書」の作成

ワインと産地との関連性の程度に違いはあれ、ＡＯＰにしてもＩＧＰにしても知的財産権であり、保護されることになります。このような制度の目的について、ＥＵワイン法は、「**消費者保護**」、「**生産者の正当な利益の擁護**」、「**共通市場の適切な機能**」、「**優良ワインの生産促進**」を掲げています。

では、保護されるための手続きはどのようになっているのでしょうか？

一連の手続きの中で最も重要なのは、その産地を名乗るための条件が記載された「**生産基準書**（Cahier des Charges）」の作成です。産地の名称が保護されるべき理由が、この生産基準書によって証明されなければならないのです。

ＥＵワイン法では、ＡＯＰおよびＩＧＰの生産基準書に記載されるべきものとして、次の事項が列挙されています。

①保護されるべき名称
②ワインの特徴に関する説明
③醸造や生産に関する特別なルール（必要な場合）
④対象となる地理的区域の範囲
⑤１ヘクタール当たりの最大収量
⑥ブドウ品種名
⑦ワインの品質および特性が、本質的または排他的に、固有の自然的・人的要素および特別な地理的環境に由来することの説明（ＡＯＰワインの場合）、または、当該地理的由来に帰せられるべき品質、社会的評価、またはその他の特性を有することの説明（ＩＧＰワインの場合）
⑧国内法・ＥＵ法により適用される諸条件、または、加盟国もしくは原産地呼称・地理的表示の管理を担当する機関の定めた諸条件（必要な場合）
⑨生産基準書の遵守を監視する組織または機関の名称および所在地、当該機関の任務に関する詳細な説明

つまり、「対象となる地理的区域の範囲」を決めただけでは、ＡＯＰやＩＧＰの保護を受けることはできません。１ヘクタール当たりの最大収量や、使用可能なブドウ品種も、あらかじめ決めておく必要があります。

なお、ある名称をＡＯＰやＩＧＰとして保護するための登録の申請ができるのは、原則として生産者団体です（例外的に、生産者が単独で申請することも認められています）。

これまでに、ＡＯＰやＩＧＰとして登録され、保護されている名称は、ほとんどが産地名です。州名であったり（例　ブルゴーニュなど）、県名であったり（例　ジュラなど）、市町村名であったり（例　ボーヌなど）というのが一般的。ブルゴーニュのように、さらに細分化された区画の名称（例　ロマネ・コンティなど）が登録されている産地もあります。

他方で、地名そのものではない名称でも、登録が認められることがあります。スペインのカバ（Cava）は、カタロニア語で「洞窟」の意味であり、地名ではありません。ポルトガルのヴィーニョ・ヴェルデ（Vinho Verde）は「緑のワイン」という意味ですし、フランスのミュスカデ（Muscadet）はブドウ品種の名称。ボルドーのグラーヴ（Graves）も、本来は地名ではなく、河川礫《れき》層から成る土壌を示す言葉でした。こうした名称は歴史や伝統に結び付いており、地名でなくとも登録が認められたものと考えられます。

保護できない名称とは？

ＥＵワイン法では、「**不登録事由**」に該当する名称は、登録できないことになっています。

その一つに「**ジェネリックな名称**（一般名・総称）」というものがあります。これは、もともとは産地に関係していた名称だったものが、現在では普通名称になってしまった場合です。ワインではありませんが、普通名称になってしまった例として、「オーデコロン」があります。これは「ケルンの水」という意味で、もともとケルンで最初に製造・販売されたといわれています。

また、あまりに有名な「**商標**」が存在する場合に、その商標と重複するようなＡＯＰ・ＩＧＰが登録されると、消費者が誤認する恐れがあるので、登録できない可能性があります。例えば、「サロン（Salon）」という有名なシャンパーニュの生産者がありますが、これと部分的に重複するフランスの市名「サロン・ド・プロヴァンス（Salon de Provence）」をＡＯＰ・ＩＧＰに登録しようとする場合などが問題になるでしょう。もし、その登録が認められて、大きく「Salon」と書かれた緑色のラベルのスパークリングワインが発売されたら、シャンパーニュの「Salon」と混同する人もいるかもしれません。

似たような名称のAOPやIGPが、すでに登録されている場合も問題になります。実際に消費者が混同する可能性があれば、類似する名称は登録できません。

フランスでは、２００３年に「ショーム・プルミエ・クリュ・デ・コトー・デュ・レイヨン(Chaume Premier cru des Coteaux du Layon)」というAOCが、ロワール地方に誕生したのですが、その名称を巡って裁判が起こされました。すでにこの地域には、「カール・ド・ショーム（Quarts de Chaume）」というAOCが登録されていて、ロワール地方を代表する高級甘口白ワインとして名声を博していたのです。

２００５年7月、フランスの行政裁判所は「ショーム・プルミエ・クリュ・デ・コトー・デュ・レイヨン」の登録を取り消すべきとする判決を下しました。

「問題のAOCは、ショームの村落以外の地域をも生産地域に含んでいながら、カール・ド・ショームの名声を利用しようとするものであり、さらに、『プルミエ・クリュ』を名乗ることによって、カール・ド・ショームよりも上位に位置付けられる呼称であるかのような誤解を消費者に与える恐れがある」

と裁判所は述べています。

ところが、２０１４年2月の判決では、新たな政令により、ＡＯＣコトー・デュ・レイヨン（Coteaux du Layon）に関して、「プルミエ・クリュ」の表示が認められ、さらに「ショーム」という区画名も名乗れるようになった点につき、その取り消しを求めた原告の訴えが退けられています。

一見すると矛盾するような判決ですが、裁判所が判例を変更したわけではありませんでした。裁判所は、２０１１年の政令によって、ＡＯＣカール・ド・ショームが「プルミエ・クリュ」よりも上位の「グラン・クリュ」を名乗れるようになったことを判決理由の中で指摘し、政令は２００５年の判決に従ったものであることを強調しています。一般的には、グラン・クリュの畑は、プルミエ・クリュの畑よりも優れていると評価されていますので、「グラン・クリュ」を名乗れるカール・ド・ショームは、「プルミエ・クリュ」よりも格上のワインとして取り扱われることになります。

2005 年の判決で登録が取り消された「ショーム・プルミエ・クリュ・デ・コトー・デュ・レイヨン」のワイン。（著者撮影）

グラン・クリュとプルミエ・クリュ

フランスには異なる二つの「クリュ（cru）」の概念があると言われている。

第一の類型は、ボルドーのクリュ。そして第二の類型が、ブルゴーニュやシャンパーニュ、アルザスなどのクリュ。クリュとは、特定の高品質ワインを生み出す畑のことだが、そこで収穫されたブドウから造られたワインを意味する場合もある。

ボルドーの格付けは、サン・テミリオンを除けば、特定のAOCと結び付くものではなく、有名な1855年の格付け（71ページコラム参照）で、「プルミエ・クリュ」すなわち第1級とされたのは、ワイン醸造所（シャトー）のシャトー・ラフィット・ロートシルト、シャトー・ラトゥール、シャトー・マルゴー、シャトー・オー・ブリオンだった。その後、1973年にシャトー・ムートン・ロートシルトが第1級に昇格している。

このように、ボルドーにおける格付けの対象がワイン醸造所であるのに対して、ブルゴーニュなどでは、畑がその対象となっている。もっとも、その畑の格付けにしても、それぞれの産地で異なり、中でもブルゴーニュは、原産地呼称と結び付いている点が特徴的だ。

ブルゴーニュでは、「グラン・クリュ（Grand Cru）」を頂点とし、その下に「プルミエ・クリュ（Premier Cru）」が続く、ＡＯＣのピラミッドが存在している。他方、アルザスでは、「ＡＯＣアルザス・グラン・クリュ」のみが存在している。

シャンパーニュでは、畑がパーセントで格付けされており、格付け１００パーセントの畑のブドウのみを使ったものは「グラン・クリュ」、格付け90パーセント以上の畑のブドウのみを使ったものは「プルミエ・クリュ」とラベルに付記することが認められている。アイ、ブージー、ヴェルズネー、ヴェルジ、アヴィズなど17の村は、格付け１００パーセントのグラン・クリュに指定されている。

ワインの特徴

生産基準書に記載されるいくつかの項目について、詳しく見ていきましょう。

生産基準書の内容は、産地によって大きな違いが見られますが*1、例えば、古代ローマ時代の水道橋「ポン・デュ・ガール」で有名な南仏ガール県の「ＩＧＰガール（Gard）」の生産基準書は、比較的簡潔にまとめられていますので、こちらを一例として紹介しておきたいと思います。生産基準書では、まず、その産地のワインの特徴を説明することになっています。

①産品のタイプ

ＩＧＰガールは、白、ロゼおよび赤のスティルワインにのみ認められる。

一つまたは複数の品種名の記載は、スティルワインにのみ認められる。

「プリムール（Primeur）」または「ヌーヴォー（Nouveau）」の記載は、スティルワインにのみ認められる。

②分析上の基準

ＩＧＰガールの使用を認められるスティルワインは、既得アルコール濃度*2が９パーセント以上でなければならない。

*1　フランスの各産地の生産基準書は、ＩＮＡＯのサイト（www.inao.gouv.fr）で検索できる。登録申請中のＡＯＰ・ＩＧＰ等の生産基準書、および生産基準書の修正内容（主要部分の修正が行われる場合）も、同サイトに公示される。

*2　既得アルコール濃度：ワインに実際に含有されるアルコールの濃度。これに対し、潜在アルコール濃度とは、果汁に含有される糖分が発酵によってすべてアルコールに変わったと仮定して得られる濃度。辛口ワインの既得アルコール濃度は、潜在アルコール濃度とほぼ等しくなる。

③官能上の記述

赤ワインは、使用された品種によって変化する力強くフルーティなアロマ、および心地よく柔らかなストラクチャーを特徴とする。白およびロゼワインは、繊細さとアロマティックなフレッシュさを引き立てるバランスを特徴とする。

官能審査は、ＩＧＰでは任意ですが、ＡＯＰではすべて実施することになっています。生産基準書に記述されている官能上の特徴を呈していないワインは、官能審査で不合格となり、ＡＯＰを使用することができません。

地理的区域の範囲

当然のことですが、生産地域の範囲が決められていなければなりません。フランスのＡＯＣ（ＥＵ法のＡＯＰに相当）には、ＡＯＣシャンパーニュのように五つの県にまたがる広範囲のものもあれば、ブルゴーニュのＡＯＣロマネ・コンティ（1・63ヘクタール）やコート・デュ・ローヌのＡＯＣシャトー・グリエ（4ヘクタール）のように、その範囲が非常に狭く、かつ、一つの所有者の単独所有となっているものもあります。

このように範囲は大小さまざまですが、あまりにも広すぎる場合は、登録が認められない可能性があります。登録が認められなかった例として、かつてのヴァン・ド・ペイ（２００９年のＥＵラベル表示規則改正後はＩＧＰとなった）で、フランスのワイン産地のほぼ全域をカバーしようとしたものがあります。その名称は、「ヴァン・ド・ペイ・ヴィニョーブル・ド・フランス（Vin de pays Vignobles de France）」。２００７年2月にいったんは登録されたのですが、フランスの国内法に違反するという理由で、フランスの行政裁判所によって取り消されてしまいます。

フランスの国内法（農業法典）では、県名か地域名が、名称に含まれていなければならないと定められていたのですが、問題の名称「ヴァン・ド・ペイ・ヴィニョーブル・ド・フランス」は「フランスのブドウ畑」という意味で、国名しか含まれていません。実際、この名称を使用できるとされていた生産地域の範囲は、ロワール、ブルゴーニュ、ボルドー、南仏、コルシカなど60以上もの県に及んでいました。年間４０００万ヘクトリットルを産出し、ワイン生産量では世界1位、２位を争うフランスを、単一の名称の下に登録しようというのは、原産地呼称制度の趣旨からしても、ふさわしくないように思われます。

国全域を範囲とすることが認められるのは、例外的な場合に限られています。2004年にEU加盟国となったマルタがそうです。マルタのワイン産地は、その国全体がカバーされる「DOK（統制原産地呼称）マルタ」、「IGT（典型的産地表示）マルテーズ・アイランド」といった名称で登録されています。もっとも同国の国土面積は、東京23区の半分程度にすぎません。

なお、EUワイン法は、加盟国ではない第三国の地理的区域についても、登録を申請する手続きを定めています（ただし、その名称は、当の第三国において保護されているものでなければなりません）。例えば、ブラジルの「ヴァレ・ドス・ヴィニェドス（Vale dos Vinhedos）」や合衆国の「ナパ・ヴァレー（Napa Valley）」といったワイン産地の名称は、いずれも地理的表示としてEU域内で保護されています。

ワインと産地の関連性

登録に際して、最も重要なのは、ワインと産地の関連性の説明です。新たな産地の場合、この説明が不十分だと登録が認められない恐れがあります。

AOPワインの場合は、「ワインの品質および特性が、本質的または排他的に、固有の自然的・人的要素および特別な地理的環境に由来すること」を証明する必要があります。そして、ＩＧＰワインの場合は、「当該地理的由来に帰せられるべき品質、社会的評価、またはその他の特性を有すること」が証明されなければなりません。

これらの事実を証明するに当たって、

1．地理的区域の特徴

2．ワインの特徴

3．地理的区域の特徴とワインの特徴との関連性

が説明されることになります。例えば、ＩＧＰガールの生産基準書は、以下のような記述になっています。

1．地理的区域の特徴

当該ＩＧＰの地理的区域は、南仏ラングドック・ルシヨンのガール県に広がっている。この地理的区域は、特徴的なブドウ畑を有する三つの地域からなり、顕著な違いが見られる。すなわ

南仏ガール県を代表するローマ時代の遺跡「ポン・デュ・ガール」。多くの観光客で賑わっています。（著者撮影）

ち、マッシフ・サントラル（中央山塊）の支脈をなすセヴェンヌ、石灰質・ガリーグ[*3]を特徴とする広大な地域、そして、カマルグに至る平地である。

地中海性気候は、ブドウ栽培に極めて適しており、乾燥して暑い夏と、豪雨をもたらす「セヴェンヌの嵐（épisode cévenol）」で知られる秋の雨期を特徴とする。夏季のブドウ成熟に好都合な海風と、ミストラルと呼ばれる乾燥した激しい北風との変化が特徴をなす。沿岸部の年間降水量は500ミリであるが、内陸部では800ミリを超えることもある。

ガルドン川（ガール川）が、当該地域の東側の境界となっており、この川の名称が県名の由来をなす。

2．ワインの特徴

ガールの歴史は古いが、最初にガールに大規模なブドウ畑が開かれたのは、古代ローマの時代である。同時に、道路網が整備され、農地、そして、ポン・デュ・ガールやニームのアリーナのような世界的に有名な建造物が造られた。

19世紀における鉄道の発達は、ブドウ栽培の発展を促した。フランスで最初にフィロキセラの被害を受けたが、直ちにブドウ栽培農家は、冠水しやすい地

＊3　ガリーグ：地中海沿岸地域の灌木地帯。石灰質土壌の荒れ地に、タイム、ローズマリー、ローリエといったハーブが自生している。

域や海沿いの砂地にブドウを植えることで対策をとった。このような歴史的背景ゆえに、ガールには、極めて多くの苗木屋があり、「ドメーヌ・ド・レスピゲット」[*4]には、フランスの全ブドウ品種のクローンのコレクションがある。こうした事実があって、消費者が求める高品質で他とは異なるワインの生産が、ＩＧＰガールにおいて早くから可能になったのである。

1964年に「ヴァン・ド・カントン」[*5]が定められ、その後、1968年のデクレによって「ヴァン・ド・ペイ」として承認され、特別な品質の基準（品種、天然アルコール濃度）が明確化された。ＩＧＰガールにおいては、赤ワイン、ロゼワインおよび白ワインが生産されているが、数年前から、ロゼワインの生産が伸長し、総生産量の40パーセント近くを占めるまでになっている。2010年の生産量は、30万ヘクトリットルであり、フランス全国で広く販売されている。そのワインは、単一品種で造られる場合もあるが、多くの場合は、地中海地方の伝統的な品種と、メルロー、カベルネ・ソーヴィニヨン、シラー、シャルドネ、ソーヴィニヨン・ブランのような有名な国際品種とのアサンブラージュ（ブレンド）で造られる。土壌気候上の条件が多様である上、早熟の品種から晩熟の品種まで、多様な品種を組み合わせることができ、いかな

＊4　「ドメーヌ・ド・レスピゲット」：フランスブドウ・ワイン研究所（ＩＦＶ）の圃場の一つであり、ガール県のグロデュロワにある。土壌は、地中海の砂のみで構成されている。581品種、4570種類のクローンが植えられているという。（参考資料：「ワインの研究機関－ＩＦＶの葡萄樹開発」WANDS　2013年1月号）

＊5　「ヴァン・ド・カントン」：生産過剰が問題になっていた日常消費用ワインと差別化するために新設されたカテゴリー。

る状況においても、適切に熟したブドウを得ることができる。ブドウ栽培農家は、醸造所に多くの設備投資を行っており、特に抽出装置および発酵温度管理装置は、消費者の求めるワイン造りを可能にしている。

赤ワインはバランスのとれたストラクチャーと柔らかなタンニンを特徴とする。白ワインとロゼワインは、フレッシュさと繊細なアロマを維持するように醸造される。

3．地理的区域の特徴と産品の特徴との関連性

ガールは、ローヌと地中海との間の通り道であり、ラングドックとプロヴァンスの境界に位置する。ガールは伝統の地であり、ブドウはオリーブ、闘牛、そして「フェリア」と呼ばれる祭りと不可分に結び付いており、文化的な豊かさを多く享受している。

ブドウ栽培農家は、土壌気候上の条件の多様性に順応することができた。彼らは、セヴェンヌからポン・デュ・ガールを通ってカマルグに至るまで、ほとんどすべてのブドウ畑を植え替え、完璧に順応するブドウ品種を選び、消費者の求めるワインを造っている。生産されたワインの大部分は、若いうちに販売

され、特に観光客に好まれるようなアロマおよび官能上の特性を持つものとなっている。

これらの経済的・技術的な発展のすべてが、ＩＧＰガールの名声に寄与しており、エノツーリズム（ワインツーリズム）の発展を促し、当該地域のブドウ畑の景観の維持に貢献しているのである。


ＥＵワイン法によれば、ＩＧＰワインについては、産地とワインの「品質」の結び付きがなくても、「社会的評価」のある名称であれば登録が認められます。関連性の説明も、やや簡潔に書かれる傾向が見られます。

これに対して、ＡＯＰワインの場合は、より詳細な説明が必要です。地理的区域の特徴の部分では、ワインと産地を結び付ける「人的要素」と「自然的要素」を書かなければなりません。前述のＡＯＣシャトー・グリエの生産基準書を見てみると、全11ページのうち半分近くが、ワインと産地の関連性についての説明に割かれています。産地の説明の部分では、地理的環境、気候、景観のほか、産地確立に関与してきた人物の名前が挙げられています。その中には、ブドウ栽培規制を撤廃したローマ皇帝プロブスの名もあります。ワインの特徴の説明、その社会的評価についても、さまざまな文献に依拠して記述されています。

二段階の審査手続き

登録に当たっては、国内レベルとＥＵレベルの両方の審査をパスする必要があります。なお、ここでいう審査とは、ＡＯＰやＩＧＰの登録のための審査であり、個々のワインがＡＯＰやＩＧＰの生産基準に適合しているかどうかの審査ではありません。

最初に国内レベルでの審査が行われ、担当機関（フランスではＩＮＡＯ）が生産基準書を含む申請書類をチェックし、その情報がインターネットで公開されます。一度登録されると、その名称は保護されて自由に使用することはできなくなりますので、その影響を受ける利害関係者は、一定期間内、登録を阻止するための異議申し立てが認められています。国内での異議申し立ての期限が過ぎ、国内での審査をパスすると、今度は、欧州委員会に申請書類が送られます。

欧州委員会は、送付された申請書において、諸要件が満たされているかを審査します。そして諸要件は満たされていると判断した場合、生産基準書の公開場所とその要約が「ＥＵ官報」に掲載されます。

ＥＵ官報に掲載後2カ月の間、「ＥＵ加盟国および第三国、ならびに正当な利益を有するＥＵ加盟国または第三国に存在する自然人＊6または法人」は、欧州委員会に対して、登録の異議申し立てを行うことができます。例えば、登録によって影響を受ける日本の生産者が、異議申し立てをすることも可能です。

ただし、「すでに異議申し立て手続きを経た当初の審査国の自然人および法人」は除外されます。つまり、フランス国内での異議申し立て手続きが済んでいる場合には、フランスの自然人および法人は、欧州委員会に対する異議申し立てを行うことはできません。

＊6　自然人：法人に対する語で、権利義務の主体である個人のこと。（『法律学小辞典』　金子宏ほか編　有斐閣より引用）

保護の効果

ひとたび登録が認められると、ＡＯＰやＩＧＰは保護されることになり、それを使用できるのは、生産基準書に従って造られたワインを販売する生産者に限定されます。具体的な保護の効果は、次のとおりです。

①保護された名称に関する生産基準書を遵守していない類似産品について、当該名称の直接的または間接的な商業利用はすべて禁止される。また、原産地呼称

もしくは地理的表示の社会的評価から利益を得ようとする商業利用も許されない。

②産品の真正の原産地が表示されている場合であっても、あるいは、保護されている名称が翻訳され、もしくは、「種類」、「型」、「方法」、「様式」、「模造品」、「風味」、「方式」などの表現を伴う場合であっても、当該名称のあらゆる不正使用、模倣または言及は禁止される。

③産品の添付書類、広告および包装・容器に記載される産品の生産地、原産地、性質または本質的な品質に関する虚偽または誤った表示は禁止される。また、産品の原産地に関して誤った印象を与えるような包装も許されない。

④産品の真正の原産地に関して消費者に誤認を与える恐れのある行為は、すべて禁止される。

登録されたＡＯＰやＩＧＰは、ＥＵ域内ではジェネリックな名称となることはありません。むしろ、有名な産地名がジェネリック化することを防ぐことにこそ、ＡＯＰやＩＧＰに登録する意義があるといえるでしょう。例えば、「シャンパーニュ」という名称が、あたかもスパークリングワインの一般名称であるかのように使われることのないよう、加盟国は必要な措置を取らなければなりません。

ブドウ品種名の問題

ＥＵワイン法によれば、特別の定めがある場合を除いて、醸造用ブドウ品種の名称にＡＯＰやＩＧＰの名称が含まれているときは、その品種名をラベルに表示することができません。

以前、フランスのアルザス地方では、「トカイ・ピノ・グリ（Tokay Pinot gris）」という品種名を表示したワインがありました。またイタリアにも「トカイ・フリウラーノ（Tocai friulano）」という品種名の表示がありました。

しかし、これらの品種名には、ハンガリーの「トカイ」という産地名が含まれています。そこでハンガリーはＥＵと交渉し、結果、一定の移行期間の後、２００７年３月末をもって、このような品種名の表示は禁止されることになりました。現在は、「ピノ・グリ（Pinot gris）」、「フリウラーノ（Friulano）」のように「トカイ」という名称を

現在では禁止されている品種名「Tokay Pinot Gris」を記載したアルザスワイン。
（著者撮影）

削除した品種名が表示されています。

なお、ＥＵワイン法は、ＥＵ産のＡＯＰワインやＩＧＰワイン、ＥＵ域外の「地理的表示付きワイン」について、例外的に、一定の原産地呼称に関係する品種名の表示を認めています。

その一つが、ピノ・ノワールのシノニム（同義語）である品種名「シュペートブルグンダー（Spätburgunder）」です。この品種名には、フランスの原産地呼称である「ブルゴーニュ」（独名はBurgund）が含まれていますが、ドイツやルーマニアなどのＡＯＰ・ＩＧＰワイン、ＥＵ域外のカナダやチリの「地理的表示付きワイン」につき、例外的に、この品種名を表示することが認められています。ピノ・ブランのシノニムである「ヴァイスブルグンダー（Weißburgunder）」も同様です。

商標との調整

登録された「ＡＯＰ・ＩＧＰの名称」とワイナリーなどの「商標」が重なる場合は、どうなるのでしょうか？

保護されているＡＯＰ・ＩＧＰと抵触する商標の登録申請があった場合は、ＡＯＰ・ＩＧＰの申請が欧州委員会に対して行われた日以後であって、ワインを対象とするものであるときは、その商標の登録は拒絶されます。ただし、そのような商標でも、ＡＯＰ・ＩＧＰの登録申請が欧州委員会に対して行われた日以前に、すでに登録または申請されていた場合には、引き続きその商標の使用が認められます。

ワインの商標をめぐる裁判例は、多数存在します。

ＡＯＣの名称に類似し、消費者に誤解を与える可能性があるとして、商標の登録が拒絶されたり、取り消されたりした例としては、ボルドーのＡＯＣメドック（Médoc）の呼称を含む「Cru du Fort Médoc」、ボルドーのＡＯＣサン・テミリオン（Saint-Émilion）の呼称を含む「Clocher de Saint Emilion」、南西地方のＡＯＣカオール（Cahors）の呼称を含む「Vieux Cahors」といったものがあります。これらは本来、ＡＯＣメドックなどの表記を許されたワインではなかったのです。

他方で、当該ＡＯＣを表示することができるワインの生産者が、そのＡＯＣの名称を商標に登録したり、その一部が重複する商標を登録しようとしたりする場合であっても、拒絶されることがあります。

ボルドーのＡＯＣリストラック・メドック（Listrac-Médoc）のワインにおける「Château Listrac」、ＡＯＣボージョレ（Beaujolais）のワインにおける「Beaujolais Vigneron」といった商標の登録が拒絶された例があります。そのような商標には識別力がない[*7]というのが理由でした。

またドメーヌ・ド・ラ・ロマネ・コンティ（DRC）社が「ロマネ・コンティ(Romanée-Conti)」を商標登録しようとして拒否された事例もあります。ブルゴーニュのAOCロマネ・コンティの畑は、DRC社の単独所有（モノポール）となっていますが、それにもかかわらず、商標登録が認められなかったのです。

もっとも前述したように、AOC登録以前から使用されていた商標など、例外的に認められる場合もあります。有名なのは、ボルドーのAOCマルゴー（Margaux）の「Château Margaux」です。このほか、ボルドーのAOCムーリス（Moulis）で「Château Moulis」が、ボルドーのAOCサン・テミリオン（Saint-Émilion）で「Clos Saint-Emilion」が、南西地方のAOCモンバジャック（Monbazillac）で「Château Monbazillac」が、認められているケースなどがあります。

部分的に抵触する商標

AOP・IGPの名称と部分的に重なる商標も問題になります。

例えば、AOCシャンパーニュのワイン「Champagne Veuve Clicquot」のように、原産地呼称の名称を含む商標は、少なくありません。しかし、ロワールのAOCサ

＊7　識別力がない：出所識別力の欠如。需要者が誰の商品、役務であるかということを識別することができない商標の登録は許されない。産地、販売地のほか、ありふれた氏・名称なども同様である。

ヴニエール・ロッシュ・オー・モワンヌ（Savennières Roche-aux-Moines）のワインについて出願された「Château de la Roche aux Moines」という商標は取り消されています。もし商標として登録されると、本来そのＡＯＣを名乗ることができる生産者が、その呼称を使う際に、支障が生じることが懸念されたのかもしれません。

また最近では、コート・デュ・ローヌのＡＯＣシャトーヌフ・デュ・パプ（Châteauneuf-du-Pape「教皇の新しい館」の意）の原産地呼称の侵害が問題になった事例があります。

シャトーヌフ・デュ・パプのブドウ畑は、南フランスのヴォークリューズ県に広がっていますが、この県は奇妙な形をしていて、北の方に「アンクラーヴ・デ・パプ（Enclave des Papes）」と呼ばれる飛び地があります。これは「教皇の飛び地」という意味で、１３１７年、教皇ヨハネス22世が買い取った後、大革命期にフランス領となるまで教皇領でした。

問題は、この飛び地の中にあるヴァルレアスという町の生産者協同組合が、「アンクラーヴ・デ・パプ」を名乗ってワインを造っていたことです。ＡＯＣはシャトーヌフ・デュ・パプではなく、ＡＯＣコート・デュ・ローヌのワインでした（シャトーヌフ・デュ・パプは、コート・デュ・ローヌ内のＡＯＣで、生産地域は限定されており、より厳しい生産基準が課されている）。

そこで、このワインはフランスの不正取り締まり局に摘発されてしまいます。「アンクラーヴ・デ・パプ」という商標やラベル表記のほか、ボトルの外見もまたシャトーヌフのワインを連想させ、消費者の混同を招く恐れがあるというのが理由でした。当局は、協同組合が「パプ（教皇）」という表現を使うことによって、AOCシャトーヌフ・デュ・パプの名声を利用していることや、混同を引き起こしかねない広告が行われていた点も問題にしました。

結局、裁判所も「協同組合のワインは消費者を混同に陥らせる可能性がある」として、協同組合の代表に罰金刑を科し、シャトーヌフ・デュ・パプの生産者組合などが被った損害を賠償するよう命じました。AOCの名称がそのまま利用されたのではなく、「パプ」という単語だけが重なっていたケースでしたが、それでも裁判所はそのような商標の使用を認めませんでした。

AOCシャトーヌフ・デュ・パプは、ローヌ地方で「パプ」という単語を含むことを許された唯一のAOCであり、その「パプ」という単語こそが、そのAOCを個性化させる上で、決定的な役割を担っていることを裁判所も認めています。たとえ「パプ」の一般的用法が「教皇」を指し、普通名称として使われる場合があるとはいっても、ロースヌ地方のワイン産地名として、この単語が使われるときは、それは直ちにＡＯＣシャトーヌフ・デュ・パプに結び付くものとなるというのです。

ワイン以外の産品は？

ところで、ＡＯＰ・ＩＧＰの名称は、ワイン以外の産品に対しても保護されるのでしょうか？

前述のように、保護の効果については、「保護された名称に関する生産基準書を遵守していない類似産品について、当該名称の直接的または間接的な商業利用はすべて禁止される」となっていました。

ここでは、この「類似産品」とは何かが問題となります。

以前、イヴ・サンローラン社が「シャンパーニュ（CHAMPAGNE）」という名称の香水を発売していました。シャンパーニュはワインの原産地呼称ですが、香水は飲料ではなく、ワインの類似商品とは、見なすことはできないと思います。しかし、ＩＮＡＯとシャンパーニュ委員会、そしてシャンパーニュの生産者3社は、その名称の使用禁止を求めて裁判を起こしました。

これに対して裁判所は「イヴ・サンローラン社が『シャンパーニュ』という名称

を使うことで、シャンパーニュの名声が弱められ、大衆化することになる」として、その使用禁止を命じました。

同様に、シャンパーニュという名称のタバコや、イスラム教徒向けのノン・アルコール飲料の商標「Cham'alal」、「Champalal」が無効とされた事例があります。

他方で、「Champomy」というジュースの商標については、フランス国内での知名度も高く、シャンパーニュの原産地呼称を侵害するものではないとされ、使用禁止には至っていません。

日本でも「シャンメリー」というジュースの商標が知られていますが、以前は「ソフト・シャンパン」という名称でした。フランス側が、この名称の使用を止めるよう求めたため、１９７０年代前半に現在の名称に変更されています。

なお、１９７３年には、サントリーの「赤玉ポートワイン」が「赤玉スイートワイン」に名称を変更しています。この商品はジュースではなく、ワインそのものであったため、その名称はポルトガルの原産地呼称「ポート（ポルト）」を侵害するものであったといえるでしょう。

また飲料でも食品でも商品でもなく、店舗の名称や、さらにはバンドの名称でも原産地呼称の侵害が問題になるケースがあります。２００１年に結成された日本のロックバンド「Champagne」が、シャンパーニュ委員会からの要請を受けて、２０１４年３月に別のバンド名に改名することになった例があります。

INAO（全国原産地・品質管理機関）

現在の正式名称は「Institut national de l'origine et de la qualité」（旧称はInstitut national des appellations d'origine）で、「イナオ」または「イエナオ」と略称される。フランス農水省の監督下に置かれている行政機関（公施設法人）。１９３５年法に基づき設置された「ワイン・蒸留酒原産地呼称全国委員会」が前身。

現在では、ワイン・蒸留酒以外にも、チーズなどの農産物や食品のＡＯＰ・ＩＧＰ、ラベル・ルージュ（製品の高品質保証）、伝統的特性証明および有機農産物保証を取り扱っている。

主たる任務は、新規の原産地呼称等の登録申請の審査（生産地域の画定や生産基準書の策定）であり、そのほか、実際に生産された産品が法令や生産基準書に適合しているかどうかの検査についても、ＩＮＡＯによって認証された機関が実施することとなっている。

フランスのワイン、農産物や食品は、世界各国に輸出されているが、外国でフランスの原産地呼称・地理的表示が侵害されないよう監視するのもＩＮＡＯの任務である。

ブドウ栽培に関する法規制

どんな品種でも栽培できるか？

ブドウにはさまざまな品種があります。シャルドネやメルローのように世界各国で栽培されている品種もあれば、日本の甲州種やイタリアの土着品種のように、限られた地域でしか栽培されていないものもあります。

ブドウ品種によってワインの品質は大きく変わります。いくらロマネ・コンティの畑が優れているからといって、その畑にピノ・ノワールではなく、ガメを植えれば、収量は増えても、あのような素晴らしいワインはできないはずです。

しかし、高品質のワインを生む品種は栽培が難しかったり、収穫量が少なかったりで、苦労が絶えないもの。そこで生産者は、品質は良くないけれども、栽培が容易で収穫量が多い品種に手を出すことが少なくありません。例えば、第二章で触れたように、ブルゴーニュでは１３６０年ごろ、たくさんの実を付けるガメがどんどん増えていったことがありました。ピノ・ノワールに比べると、ガメのワインは品質上どうしても劣ってしまいますので、ブルゴーニュ公フィリップ2世の勅令（1395年）をはじめとして、歴代の支配者たちはガメの引き抜きを繰り返し命じてきたのです。

時代が下って19世紀末になると、今度はアメリカ産の品種が問題になります。フィロキセラ禍に伴うワイン生産減を補うために、害虫や病気に強いアメリカ産の品種やその交配種がフランスで栽培されました。それらの品種は、フィロキセラ耐性があるだけでなく、収穫量も多かったのですが、ワインにするとひどいものでした。とりわけ、フォクシーフレーバーが嫌われ、20世紀以降、フランスでは栽培が全面的に禁止されました。

粗悪品種の使用によるワインの品質低下は、その産地の評価自体を落とすことになりますので、こうした措置は現在の原産地呼称制度にも取り入れられています。

現行EU法の規制

現在のEUワイン法は、年間5万ヘクトリットル以上を産出する加盟国に対して、ワイン醸造目的で栽培されるブドウ品種のリストの作成を義務付けるとともに、栽培可能な品種を制限しています。

ブドウ属（ヴィティス）には、ヨーロッパブドウに分類される種である「**ヴィティス・ヴィニフェラ**」のほか、アメリカブドウに分類される「**ヴィティス・ラブルスカ**」、東アジアブドウに分類される「**ヤマブドウ**（ヴィティス・コアニティー）」などがあります。醸造用として古くから用いられてきたのはヴィティス・ヴィニフェラ種で、ワイン醸造に最も適しています。

そこでＥＵ法は、ヴィティス・ヴィニフェラに属する品種、またはヴィティス・ヴィニフェラとその他のブドウ属との交配品種に限って、加盟国が醸造品種に指定することができるとしています。また、栽培が禁止される品種として、オテロ、イザベル、ジャケ、ノア、クラントン、エルブモンが明示的に列挙されています。これらの品種は、フィロキセラ禍後に栽培されたものですが、とりわけ品質が良くないため、明示的に禁止されるに至ったのです。

年間生産量が5万ヘクトリットル以下の加盟国は、リスト作成の義務は免除されますが、やはりヴィティス・ヴィニフェラに属する品種、またはヴィティス・ヴィニフェラとその他のブドウ属との交配品種のみが栽培可能です。どの加盟国でも例外として、実験目的または試験目的で、指定外の品種を栽培することは認められています。

自家消費用を除いて、規定に違反して栽培されているブドウ品種は、抜根しなければなりません。また当初は指定品種で栽培が認められていたものの、リスト改定によって指定品種から外れてしまった品種は、その後15年以内に抜根することを義務付けられます。

AOP・IGPワインにおける品種の規制

ワインの産地には、その産地で伝統的に栽培されてきたブドウ品種があります。ブルゴーニュであれば、ピノ・ノワールやシャルドネ、ボルドーであれば、カベルネ・ソーヴィニヨンやメルローといった品種です。ブルゴーニュ地方でも、メルローの栽培は決して不可能ではないでしょう。しかし、ワインの味わいは、ピノ・ノワールを使ったブルゴーニュワインとはまったく違ったものになるはずです。そうしたワインがブルゴーニュを名乗ることは許されるのでしょうか?

ＡＯＣブルゴーニュの生産基準を見ると、白ワインについては、主要品種がシャルドネまたはピノ・ブラン、補助品種がピノ・グリ（ただし、ブレンド比率は30パーセント以下）。赤ワインについては、主要品種はピノ・ノワールのみで、補助品種はモルゴンやムーランナヴァンなどの「クリュ・ボージョレ*8」の畑で栽培されたガメに限って、使用することが認められています（使用比率は30パーセント以下）。またヨンヌ県に限って、黒ブドウのセザールの使用が認められており、そのブレンドの割合は49パーセント以下と決められています。

同じブルゴーニュ地方でも、より生産地域が限定された村名ワインになると基準はさらに厳しくなります。例えば、ＡＯＣモンラッシェでは、シャルドネのみが認められ、その他の品種を使用することも、同じ畑に混植することも認められていません。ＡＯＣヴォーヌ・ロマネでは、ガメやセザールの使用は認められず、ピノ・ノワールのみが使用可能です（同じ畑にシャルドネなどを最大15パーセント混植することは可能ですが、使用は認められていません）。

さらに、品種のクローンについても規定が置かれています。ＡＯＣブルゴーニュでは、ピノ・ノワールのクローン３８６、７７９、７９２、８７０、８７２および９２７、シャルドネのクローン75、78および１２１の植え付けが禁止されています。

栽培の方法

ブドウの栽培方法もさまざまです。日本では棚仕立てが一般的ですが、ヨーロッ

*8　クリュ・ボージョレ：ボージョレの中で村名を表示することのできる10のＡＯＣを「クリュ・ボージョレ」と総称する。モルゴン、ムーランナヴァンのほか、サン・タムール、ジュリエナス、シェナス、フルーリー、シルーブル、レニエ、ブルイイ、コート・ド・ブルイイの各ＡＯＣ。

パではほとんどが垣根仕立てです。ブドウの収穫量は少なくした方が良いワインができると考えられていますが、隣の木との間隔は狭い方が良いとされています。密植することにより、ブドウ樹が地下深くまで根を張り、ミネラル分を吸収して良いブドウができると考えられるからです。

フランスの原産地呼称ワインの場合、1ヘクタール当たりのブドウの本数、ブドウの木を植える間隔、ブドウの剪定《せんてい》方法、枯れている木や欠けている木の比率などが各産地の生産基準書で細かく決められています。

AOCブルゴーニュの生産基準書では、1ヘクタール当たりのブドウの本数は5000本以上、ブドウ樹の間隔は畝間2・2メートル以下、株間は0・5メートル以上(1ヘクタール当たりのブドウの本数が8000本以上の場合)、または0・8メートル以上(8000本以下の場合)、ブドウの剪定方法については、短梢(コルドン仕立て)の場合は、1平方メートル当たりの芽の数は最大10、長梢(ギヨ仕立て)の場合は、1平方メートル当たり最大8、枯れている木や欠けている木の比率20パーセント以下となっています。

これに対して、ブルゴーニュの村名ワインであるAOCヴォーヌ・ロマネの生産基準書では、1ヘクタール当たりのブドウの本数は9000本以上、ブドウ樹の間隔は畝間1・25メートル以下、株間0・5メートル以上、ブドウの剪定方法については、一株当たりの芽の数は最大8で、枯れている木や欠けている木の比率は、AOCブルゴーニュと同じく20パーセント以下となっています。

また、ブドウが水分を吸収しすぎると品質が悪くなるため、多くの産地で灌漑が禁止または規制されています。

どれだけ収穫できるのか?

ブドウがより多く収穫されれば、より多くのワインを造ることができますが、ワインの質は落ちてしまいます。そこで、EUワイン法では、AOP・IGPにつき、それぞれ生産基準書で収量を決めることになっています。

AOCブルゴーニュでは、白ワインが1ヘクタール当たり68ヘクトリットル（AOCブルゴーニュの中でも、より限定された地域名を表示するAOCブルゴーニュ・オート・コート・ド・ニュイおよびAOCブルゴーニュ・オート・コート・ド・ボーヌは66ヘクトリットル）、赤ワインとロゼワインが60ヘクトリットルまでと定められています。

これに対して、AOCヴォーヌ・ロマネでは50ヘクトリットル、同じAOC

ヴォーヌ・ロマネのプルミエ・クリュ（一級畑）では48ヘクトリットルが上限となっています（いずれも赤ワインのみを造るＡＯＣ）。

例外的に、一定の手続きを経ることによって、所定の収量を上回って収穫することも認められる場合があります。その場合も、上限が定められることになっており、ＡＯＣブルゴーニュの場合、白ワインについては１ヘクタール当たり75ヘクトリットル、赤とロゼについては79ヘクトリットルを超える上限を設定することはできません。

糖度と収穫日

ブドウが熟していないと糖度が低くなり、そのままワインを醸造しても十分なアルコール濃度に到達することができません。フランスでは、各産地の生産基準書で最低果汁糖度と最低天然アルコール濃度が定められています。

例えば、ＡＯＣブルゴーニュでは、果汁１リットル当たりの糖分含有量は、白ワインが１７０グラム以上で天然アルコール濃度が10・５パーセント以上、赤ワインが１７５グラム以上で10・２パーセント以上、ロゼが１６５グラム以上で10・２パーセント以上と定められています。またＡＯＣヴォーヌ・ロマネでは、果汁１

表9　ブドウの栽培に関する規制についての比較

<table>
<tr><th></th><th colspan="2">AOC
ブルゴーニュ</th><th>AOC
ヴォーヌ・ロマネ</th></tr>
<tr><td>ブドウの本数</td><td colspan="2">5000 本以上／ ha</td><td>9000 本以上／ ha</td></tr>
<tr><td>畝間</td><td colspan="2">2.2m 以下</td><td>1.25m 以下</td></tr>
<tr><td rowspan="2">株間</td><td>ブドウの本数が 8000 本超／ ha の場合</td><td>0.5m 以上</td><td rowspan="2">0.5m 以上</td></tr>
<tr><td>ブドウの本数が 8000 本以下／ ha の場合</td><td>0.8m 以上</td></tr>
<tr><td rowspan="2">剪定時の芽の数</td><td>短梢（コルドン仕立て）の場合</td><td>最大10個／㎡</td><td rowspan="2">短梢・長梢とも
最大 8 個／株</td></tr>
<tr><td>長梢（ギヨ仕立て）の場合</td><td>最大 8 個／㎡
（白は最大 8.5）</td></tr>
<tr><td>枯れている木や欠けている木の比率</td><td colspan="2">20%以下</td><td>20%以下</td></tr>
<tr><td rowspan="3">基本収量
（1ヘクタール当たり）</td><td>白ワイン</td><td>68hℓまで</td><td>――</td></tr>
<tr><td>赤ワイン</td><td>60hℓまで</td><td>50hℓまで</td></tr>
<tr><td>ロゼワイン</td><td>60hℓまで</td><td>――</td></tr>
<tr><td rowspan="3">果汁の糖分含有量
（1リットル当たり）</td><td>白ワイン</td><td>170g 以上</td><td>――</td></tr>
<tr><td>赤ワイン</td><td>175g 以上</td><td>180g 以上</td></tr>
<tr><td>ロゼワイン</td><td>165g 以上</td><td>――</td></tr>
<tr><td rowspan="3">天然アルコール濃度</td><td>白ワイン</td><td>10.5%以上</td><td>――</td></tr>
<tr><td>赤ワイン</td><td>10.2%以上</td><td>10.5%以上</td></tr>
<tr><td>ロゼワイン</td><td>10.2%以上</td><td>――</td></tr>
</table>

リットル当たりの糖分含有量は、１８０グラム以上で天然アルコール濃度が10・5パーセント以上、ＡＯＣヴォーヌ・ロマネのプルミエ・クリュでは１８９グラム以上で11パーセント以上となっています。

フランスではブドウの収穫日についても規制があり、ＩＮＡＯの提案に基づき、県知事が収穫日を決定することになっています。しかし、収穫が認められても、ブドウが十分に熟していなければ、果汁糖度は低くなりますので、十分に熟するまで待たなければなりません。

ブドウは植え付けてすぐに実を付けるわけではありません。品種にもよりますが、高品質のワインを生むようになるまでには、何年もかかります。そのため、樹齢の若い木の使用は制限されています。ＡＯＣブルゴーニュの生産基準書によれば、7月31日以前に苗が植え付けられた場合、翌年まではワインの原料にすることはできず、7月31日以前に実施された接ぎ木についても、その年に収穫されたブドウを使うことは禁止されています。とはいえ、樹齢3年ぐらいでは、まだまだ高品質なワインを得ることは難しいはず。実際には、もっと年数がたってから原料として使われることになるでしょう。

ワイン醸造に関する法規制

ワインの醸造地

ブドウを収穫したら、いよいよワインの醸造です。良いワインを造るためには、ブドウは新鮮でなければなりません。ブドウ畑とワイン醸造所は、できるだけ近い方が望ましいのです。

フランスの原産地呼称ワインは、フランス国内なら、どこでも醸造できるわけではありません。醸造地について一定の制約が課されています。またその一方で、例外も認められています。生産基準書では、原料として使用するブドウの栽培は認められないけれども、醸造所を置くことができる市町村が列挙されています。

例えばAOCヴォーヌ・ロマネの場合、ブドウ栽培はヴォーヌ・ロマネ村内の認められた区画に限定されていますが、醸造はコート・ドール県以外でも可能です。ヨンヌ県のシャブリや、ローヌ県のヴィルフランシュ・シュル・ソーヌなど、ヴォーヌ・ロマネ村から100キロメートル以上離れた場所も含まれています。

EUワイン法は、生産地域内での醸造を原則としながらも、生産基準書に記載されていれば、生産地域に含まれない「隣接醸造地」とでもいうべき場所での醸造を認めることにしています（当該地理的区域に隣接する地域、同一行政区域、隣接する行政区域）。確かに、生産地域内での醸造が義務付けられると、ブルゴーニュのようにAOCが細分化されている地方も、AOCごとに醸造所を置かなければならなくなり、畑はワイナリーで埋め尽くされてしまいます。

産地外の醸造はどこまで認められるか

「隣接醸造地」の範囲がどこまで認められるかというのは、ワイナリーにとって大変重要な問題です。

ボルドーのAOCポムロルでは2009年、醸造可能な隣接醸造地の範囲を狭める方向で、一部の生産者の同意を得ることなく、生産基準書が改訂されました。この基準改訂により、それまでAOCポムロルの原産地呼称を使うことができていた生産者のうち30軒近くが、一定の移行期間の後、その使用を禁じられることになったのです。新しい生産基準書の隣接醸造地から外れてしまった生産者は、原産地呼称の使用を諦めるか、もしくは生産地域内に新たな醸造所を建設するかの選択を強いられます。ポムロルの生産地域は非常に狭く、その中に醸造所を建設する場所を探すのは、極めて困難です。彼らは、新しい基準に納得することができず、生産基準書を承認した政令の撤回を求めて、行政訴訟を起こしました。

フランスの最高行政裁判所であるコンセイユ・デタ（国務院）は、２０１２年３月９日、原告生産者の訴えを認める判決を下しました。実際に、ポムロルの生産地域内であっても、畑から10キロメートル以上も離れた醸造所までブドウを輸送する例がある一方で、訴えを起こした醸造所は、生産地域から1~7キロメートルしか離れておらず、裁判所は、このような差別的な取り扱いは許されないとして、新たな生産基準書を承認した政令の取り消しを命じたのです。

補糖と補酸

フランスの１９３５年法は、「ブドウの栽培、醸造、蒸留の過程で何も加えない自然の製造を前提とするものでなければならない」と規定していました。とはいえ、気候条件が厳しいため、ブドウが十分に熟さない産地も少なくありません。そこでＥＵ法は、原則としてショ糖による補糖を認めています。ただし、その上限は一律に決められているわけではありません。同じヨーロッパでも、温暖な地域では糖度の高い果汁が得られますので、補糖しなくてもアルコール濃度の高いワインを造ることができます。これに対して、北国では、ある程度補糖をしなければ十分なアルコール濃度を確保することができません。

前述のように、ＥＵのワイン生産地は、Ａ、Ｂ、ＣⅠ、ＣⅡ、ＣⅢａ、ＣⅢｂの六つのゾーンに分けられています*9。

補糖によって上昇させることのできるアルコール濃度は、ゾーンＡでは３パーセント、ゾーンＢでは２パーセント、ゾーンＣでは１・５パーセントと決められています。また同時に、補糖後のアルコール濃度の上限（11・５〜13・５パーセント）も定められていて、これを超過しないように補糖量を調整しなければなりません。

例えばゾーンＢでは、２パーセントのアルコール濃度の増加が認められていますが、増加後のアルコール濃度は白ワインでは12パーセント、赤ワインでは12・５パーセントを超えないように注意する必要があります。この基準に照らせば、ラベルに14パーセントあるいは14・５パーセントと書かれているＥＵのワインは、補糖していないワインだと推測することができます。

またＥＵワイン法では、ワインの総酸度の基準が定められていて、１リットル当

*9　ゾーン分けの詳細は131ページ脚注参照。

たり酒石酸換算3・5グラム以上となっています。補酸の上限については、1リットル当たり酒石酸換算2・5グラム（OIVの基準は4グラム＊10）と定められており、比較的冷涼な地域であるゾーンA・Bでは、原則として補酸が禁止されています。また同じ産品に対する補糖と補酸の併用は原則禁止されています＊11。

除酸も認められていますが、その上限は1リットル当たり酒石酸換算1グラムで、特に温暖な地域（コルシカ、シチリア、マルタ、キプロスなど）では、除酸は原則禁止となっています。

添加物に関する規制

EUワイン法の醸造行為規則（委員会規則606-2009号）では、ワインの醸造方法や添加物に関する規制が定められています。例えば、ワインの酸化防止に使用される二酸化硫黄の含有量の上限については、ワインのタイプや産地に応じて、異なる上限が規定されています。

EU法では、スティルワインについては、原則として、**赤ワインは1リットル当たり150ミリグラム、ロゼワイン、白ワインは200ミリグラム**が上限です（オーガニック・ワインは、赤ワインが1リットル当たり100ミリグラム以下、

＊10　OIV加盟国が遵守することになっているOIV基準では、4グラムまで補酸が認められているが、EU加盟国28カ国を拘束するEUワイン法では、これよりも厳しい基準が設定されている。

＊11　なお、欧州委員会は、果汁とワインは別々の産品とみなしており、果汁を補糖し、発酵後のワインを補酸することは可能とする解釈をとっている。

ロゼ・白ワインが150ミリグラム以下)。

もっとも、**糖分含有量が1リットル当たり5グラム以上のスティルワイン**、すなわち甘口ワインについては、品質を維持するためには適量の二酸化硫黄を添加することが不可欠ですので、次のように1リットル当たり最大400ミリグラムまで上限が引き上げられています。

①**200ミリグラムを上限とするもの**(赤)

②**250ミリグラムを上限とするもの**(ロゼ・白)

③**300ミリグラムを上限とするもの**(ハンガリー産トカイ、ボルドー・シュペリウール白、グラーヴ白、シュペートレーゼのほか、容量アルコール濃度・糖分含有量が特に高い非原産地呼称ワインなど)

④**350ミリグラムを上限とするもの**(アウスレーゼ、スロヴァキア産トカイ・マーシュラーシュ、同トカイ・フォルディタ―シュなど)

⑤**400ミリグラムを上限とするもの**(ソーテルヌ、バルザック、カディアック、モンバジアック、ボヌゾー、カール・ド・ショーム、アルザスのヴァンダンジュ・タルディヴ、ベーレンアウスレーゼ、トロッケンベーレンアウスレーゼ、

アイスヴァイン、シュトローヴァイン、アウスブルッフ、ハンガリー産トカイ・アスー、同トカイ・マーシュラーシュ、同トカイ・フォルディターシュなど）

※すべて1リットル当たり

また、一般の発泡性ワインの二酸化硫黄含有量は、1リットル当たり235ミリグラムが上限とされ、高品質発泡性ワインについては185ミリグラムが上限となっています。ただし、天候不良の年は添加量制限を緩和し、一定の条件の下で、上限を追加で40ミリグラムまたは50ミリグラム引き上げることが認められます。

ワインの出荷日の規制

ワインの流通段階における規制

ワインの流通や消費に対する規制は、フランスでは古来より、さまざまな形で存在していました。例えば、ガロンヌ川上流の産地の出荷を妨げようとした13世紀以降の「ボルドー特権」、あるいはパリ近郊で造られたワインをパリ市内に持ち込むことを禁止した1577年の「20リユ規制」などは、数百年も維持されました。国王は新酒の優先販売権を持っていて、通常、国王のワインは一般の生産者のものよりも早く販売されていました。

さらに、時代がずっと下ると、ワインの販売自体を禁止する規制が登場します。アメリカ合衆国のいわゆる禁酒法です。1920年、合衆国憲法に禁酒条項（修正第18条）が追加され、ワインのみならず、0・5パーセント以上アルコールを含有している飲料の販売が禁止されました。合衆国は、今ではフランスに並ぶワインの大消費国となっていますが、この禁酒法時代は１９３３年まで続きました。

現在では、ワインの品質確保や公正な競争の観点から、流通に対する規制が定められることがあります。その一つが、ワインの出荷日の規制です。ボージョレ・ヌーヴォーの解禁日（11月第３木曜日）は、日本国内でもすっかりおなじみのイベントになりました。ちなみに、山梨のヌーヴォー解禁（11月第１土曜日）も、地元山梨や首都圏の愛好家に知られつつあるようです。

新酒はいつから出荷できる?

ボージョレ・ヌーヴォーの歴史は、ＥＵが誕生する前の１９５１年にさかのぼります。この年、フランスでは、軍隊へのワイン供給を確保するために12月15日まで出荷を制限する政令が出されました。しかし、ボージョレの生産者たちは、これよりも早く出荷できるよう政府に要請したのです。

その結果、同年11月13日、ボージョレを含む特定の原産地呼称ワインについては、特例措置として、12月15日の解禁日を待たずして販売できることが決まりました。ここに「ボージョレ・ヌーヴォー」が誕生したのです。

ところが、他の産地よりも早く出荷が認められることになったものの、１９５１

年の時点では、具体的な解禁日は定められていませんでした。それゆえ、まだ出来上がっていない不完全なワインも市場に流れていました。

そこで、1967年の政令で、ボージョレ・ヌーヴォーの解禁日が11月15日に定められます。ボージョレの赤ワインのほか、ロワール地方アンジューのロゼワイン、ブルゴーニュ地方マコンの白ワインも、テイスティングを行った上で、INAOの専門技術者による許可が出された場合、11月15日から出荷できることとされました。

すると今度は、解禁日が週末に重なると出荷がスムーズにいかないことや、第一次世界大戦の休戦記念日（11月11日）に近すぎるといった問題が出てきます。結局、1985年の政令で、11月第3木曜日に解禁日が変更されました。

フランス農業法典の現行規定によれば、原産地呼称ワインは、収穫年の12月15日を出荷解禁日とするが、INAOの決定で12月1日まで繰り上げることができるとされています。

そして例外として、「ヌーヴォー（Nouveau）」、「プリムール（Primeur）」、「ミュスカ・ド・ノエル（Muscat de Noël）[*12]」と記載のあるワインについては、11月第3木曜日が解禁日として規定されています。

＊12　ミュスカ・ド・ノエル：ラングドック地方で産出される天然甘口ワインの新酒。ブドウ果汁の発酵中、95パーセント以上のアルコールを添加し、発酵を停止させる。14世紀からカタルーニャ公国で飲まれていたという。

また逆に、各ＡＯＣの生産基準書で、12月15日よりも遅い解禁日を定めることも許されています。例えば、ボルドーのＡＯＣソーテルヌでは、収穫翌年の6月30日以降でなければ、出荷は認められません。イタリア・トスカーナ州のＤＯＣＧブルネッロ・ディ・モンタルチーノにいたっては、４年以上の熟成（うち樽熟成２年）が義務付けられていて、それ以降でなければ出荷できません（リゼルヴァは５年以上の熟成）。

第六章

ＥＵのラベル表示規制

義務的記載事項と任意的記載事項

ＥＵ法のラベル表示規制

諸外国は、どのようなラベル表示規制を定めているのでしょうか？　本章では、日本に多く輸入されているＥＵ産ワインに適用されるＥＵ法のラベル表示規制を見ていきたいと思います。

ＥＵのワイン法では、必ずラベルに記載しなければならない事項と、一定の条件を満たした場合に限って記載することができる事項が定められています。ここでは、前者を「**義務的記載事項**」、後者を「**任意的記載事項**」と呼ぶことにします。

ＥＵワイン法に定められた条件に適合しないラベルを使用したワインは、ＥＵ域内で販売することはできず、域外に輸出することもできません。加盟国の担当機関は、そのようなワインの流通を阻止するための措置を講ずることを義務付けられています。また日本ワインをはじめとして、ＥＵに向けて輸出されるワインも、ＥＵ法のラベル表示規制に適合していなければなりません。

義務的記載事項や任意的記載事項は、ＥＵの公用語[*1]によって表記されなければなりません。また義務的記載事項は、製造ロットと輸入元表示を除いて、ボトルを回転させずに一度で読み取ることのできる同一面に、一括して表示することが義務付けられています。そして、その文字や記号は、明瞭かつ識別可能で、消去不可能なものでなければなりません。

＊1　ＥＵの公用語：ＥＵでは現在24の公用語が使われている。ブルガリア語、スペイン語、チェコ語、デンマーク語、ドイツ語、エストニア語、ギリシャ語、英語、フランス語、アイルランド語、クロアチア語、イタリア語、ラトビア語、リトアニア語、ハンガリー語、マルタ語、オランダ語、ポーランド語、ポルトガル語、ルーマニア語、スロヴァキア語、スロヴェニア語、フィンランド語とスウェーデン語。
またＥＵの公用文字は、ラテン文字（ローマ字）、ギリシャ文字、キリル文字の三つ。ＥＵの公用語であるギリシャ語はギリシャ文字で、ブルガリア語はキリル文字で表記される。

義務的記載事項

義務的記載事項として列挙されているのは、次の七つです。

【ラベルの義務的記載事項】

①ブドウ生産物の種類
②「保護原産地呼称」、「保護地理的表示」の記載、および当該AOP・IGPの名称
③アルコール濃度
④原産国
⑤瓶詰め元・生産者などの表示
⑥輸入元表示
⑦発泡性ワインなどの糖分含有指標

義務的記載事項①ブドウ生産物の種類

ここでいう「ブドウ生産物の種類」とは、第四章で触れたワイン法が適用される産品のことで、ワイン、ヴァン・ド・リクール、ヴァン・ムスー、ヴァン・ペティ

アン、ブドウ果汁、濃縮ブドウ果汁といった品目の名称です。

ただし、ＡＯＰ・ＩＧＰワインについては、わざわざ「ワイン」とは書かなくてもよいことになっていて、この「ブドウ生産物の種類」の記載を省略することが認められています。同様に、ドイツ語で発泡性ワインを意味する「ゼクト（Sekt）」という表示のあるワインについても、記載を省略することができます。

義務的記載事項②「保護原産地呼称（ＡＯＰ）」、「保護地理的表示（ＩＧＰ）」の記載、および当該ＡＯＰ・ＩＧＰの名称

ＡＯＰ・ＩＧＰワインには、「Appellation d'origine protégée」や「Indication géographique protégée」などの「保護原産地呼称」または「保護地理的表示」の記載に加え、当該ＡＯＰ・ＩＧＰの名称の表示（例えば「Bordeaux」や「Pays d'Oc」など）が義務付けられます。

ただし、ＡＯＰやＩＧＰに相当する「伝統的表現」の表示がラベルに記載されている場合には、これを省略してよいことになっています。

例えば、フランスの「Appellation d'origine contrôlée」、イタリアの「Denominazione di origine controllata」、スペインの「Denominación de origen」などといった事項がラ

ベルに書かれているときは、わざわざ「Appellation d'origine protégée」と重複して記載する必要はありません。

前述のように、義務的記載事項や任意的記載事項は、EUの公用語によって表記されなければなりません。しかし、保護原産地呼称、保護地理的表示および伝統的表現については、公用語ではない言語による表記も認められることがあります。ラテン語で表記されているオーストリアの「Districtus Austriae Controllatus」がそうです。

また、下記の原産地呼称については、例外的に「Appellation contrôlée」などの記載も不要とされています。いずれも世界的に著名な原産地呼称ですので、「Appellation contrôlée」などの記載をする伝統がなかったからなのかもしれません。実際、フランスのシャンパンのラベルには、大きく「Champagne」の文字が書いてあるだけで、「Appellation Champagne Contrôlée」とは書かれていないことがあります。しかし、シャンパンはれっきとした原産地呼称ワインです。カバやアスティ、ポートワインも同様です。

[特例が認められている原産地呼称]

- キプロス共和国の「Κουμανδαρία(コマンダリア)」
- ギリシャ共和国の「Σάμος(サモス)」
- スペインの「Cava(カバ)」、「Jerez(ヘレス)」または「Xérès(ケレス)」または「Sherry(シェリー)」、「Manzanilla(マンサニーリャ)」
- フランスの「Champagne(シャンパーニュ)」
- イタリアの「Asti(アスティ)」、「Marsala(マルサーラ)」、「Franciacorta(フランチャコルタ)」
- ポルトガルの「Madeira(マデイラ)」または「Madère(マデール)」、「Port(ポート)」または「Porto(ポルト)」

義務的記載事項③アルコール濃度

アルコール濃度は、１パーセント単位または０・５パーセント単位で記載することとし、その濃度を示す数字の前には「alc」などの文字が、数字の後には「% vol」という文字が記されます。

分析によって得られた実際のアルコール濃度とラベルに表示される数字との差は、原則としてプラス・マイナス０・５パーセント以内。ただし、瓶詰めされて３年以上貯蔵されたＡＯＰ・ＩＧＰワイン、発泡性ワイン、弱発泡性ワイン、ヴァン・ド・リクールは、例外的に０・８パーセントまでの差が許されます。

文字の大きさ（高さ）は、容器の容量が１０００ミリリットルを超える場合には５ミリメートル以上、２００ミリリットル超～１０００ミリリットルまでの容器の場合は３ミリメートル以上、２００ミリリットル以下の容器は２ミリメートル以上と定められています。

義務的記載事項④原産国

ラベルには、ブドウ収穫およびワイン醸造が行われた原産国を記載しなければなりません（indication de la provenance　原産国表示）。ＥＵワイン法では、複数のＥ

U加盟国のワインをブレンドすることと、EU域外の、複数の第三国のワインをブレンドすることは認められていますが、EU加盟国のワインと域外の第三国のワインをブレンドすることは認められていません。

義務的記載事項⑤瓶詰め元・生産者などの表示

「瓶詰め元（embouteilleur）」とは、販売目的でワインなどの産品を60リットル以下の容器に注入する法人、自然人またはその集団をいいます。

瓶詰め元、生産者、販売者または輸入元の名称や所在地に、AOPやIGPが含まれている場合には、それがAOPやIGPの表示だと誤解されないように郵便番号のみを表記するか、当該AOP・IGPの文字の半分以下の大きさで表記することになっています。

例えばジュヴレ・シャンベルタン村の生産者がAOCブルゴーニュのワインを生産する場合、ラベルに記載する生産者

[原産国の表記の例]

- EU加盟国である複数の国で生産されたワインをブレンドした場合
  「European Community wine」
  「Blend of wines from different countries of the European Community」
- 域外の第三国のワイン同士をブレンドした場合
  「Blend of wines from different countries outside the European Community」
  など
- EU加盟国のある国（Y）で収穫されたブドウを原料として、別の加盟国（X）で醸造が行われた場合
  「European Community wine」
  「Wine obtained in X from grapes harvested in Y」

※なおイギリスでは、連合王国を構成する、それぞれの国の名称を用いることが可能です。すなわち「Wine of United Kingdom」と表示するかわりに「Wine of England」、「Wine of Wales」、「Product of England」、「Produced in England」、「English Wine」といった表記が認められます。

の所在地「ジュヴレ・シャンベルタン」の文字の大きさは、原産地呼称「ブルゴーニュ」の半分以下でなければなりません。

義務的記載事項⑥輸入元表示

輸入元とは、ＥＵ域外のワインをＥＵ域内自由取引可能貨物とする諸手続きを行ったＥＵ域内の法人、自然人またはその集団をいいます。

義務的記載事項⑦発泡性ワインなどの糖分含有指標

発泡性ワインなど（ヴァン・ムスー、優良ヴァン・ムスー、芳香性優良ヴァン・ムスー、炭酸ガス添加ヴァン・ムスー）では、通常、製造過程で甘味調整のためにリキュールを添加する「ドザージュ」（いわゆる「門出のリキュール」の添加）が行われます。

そこで、糖分含有量に応じて、次ページ下の一覧のような指標を表示することになっています（ＥＵ公用語によりいくつかの表現方法があります）。

糖分含有量に関して二つの指標が可能である場合、どちらでも表示できるのですが（例えば1リットル当たり5グラムを含有する場合、「extra brut」、「brut」の表記が可能)、そのうちの一つを選択しなければなりません。また、実際の糖分含有量とラベルに記載される指標との差は、1リットル当たり3グラム以下とされています。

なお、ガス添加発泡性ワインやガス添加弱発泡性ワインについては、二酸化炭素または炭酸ガスの添加によって製造された旨の表示が義務付けられています(例えば「obtenu par adjonction de dioxyde de carbone(二酸化炭素添加)」)。

これらの事項に加え、ワイン法以外の派生法に基づく義務的記載事項も存在します。製造ロットの表示、二酸化硫黄含有表示、乳製品や卵を使用した場合の表示のほか、容量に関する規制などです。国内法によって、妊婦の飲酒に対して注意を促す表示を義務付けている国もあります。

[発泡性ワインなどの糖分含有指標]

※同じ項目(例えば「doux」、「mild」、「dolce」、「sweet」)の違いは言語の違い。

- 3g/ℓ未満
  (ただし、二次発酵後に糖分を一切添加していないこと)
  「brut nature(ブリュット・ナチュール)」
  「pas dosé(パ・ドゼ)」
  「dosage zéro(ドサージュ・ゼロ)」
  「naturherb(ナトゥアヘルプ)」など
- 0~6g/ℓ
  「extra brut(エクストラ・ブリュット)」
  「extra herb(エクストラ・ヘルプ)」など
- 12g/ℓ未満
  「brut(ブリュット)」
  「herb(ヘルプ)」など
- 12~17g/ℓ
  「extra sec(エクストラ・セック)」
  「extra dry(エクストラ・ドライ)」
  「extra trocken(エクストラ・トロッケン)」など
- 17~32g/ℓ
  「sec(セック)」
  「trocken(トロッケン)」
  「secco(セッコ)」
  「dry(ドライ)」など
- 32~50g/ℓ
  「demi sec(ドゥミ・セック)」
  「halbtrocken(ハルプトロッケン)」
  「medium dry(ミディアム・ドライ)」など
- 50g/ℓ以上
  「doux(ドゥー)」
  「mild(ミルト)」
  「dolce(ドルチェ)」
  「sweet(スイート)」など

任意的記載事項

任意的記載事項として、ＥＵワイン法に規定されているのは、次の七つです。

［ラベルの任意的記載事項］
①収穫年・醸造年
②ブドウ品種名
③糖分含有指標
④伝統的表現
⑤ＡＯＰ・ＩＧＰのマーク
⑥醸造方法に関する表示
⑦より限定された、またはより広範な、別の地理的単位の名称

任意的記載事項①収穫年・醸造年

収穫年の表示に当たり、当該収穫年のブドウを85パーセント以上使用しなければならないというのがＥＵ法の基準です。ただし、甘味調整のために添加されたリキュールなどは、この数字には含まれません。また1月や2月に収穫を行う場合には、収穫前年の年号を記載することになります。「地理的表示なしワイン」にも、収穫年の記載が認められますが、その表示が正確かどうかチェックする制度を加盟国で導入しなければなりません。

任意的記載事項②ブドウ品種名

品種名の表示に当たり、EU法では、単一品種の場合、当該品種のブドウを85パーセント以上使用しなければならない、2品種以上を表示するときは、その合計が100パーセントでなければならない、と定められています。ただし、いずれの場合も、甘味調整目的で添加されたリキュールなどは、これらの数字に含まれません。表示される品種名が複数であるときは、使用された割合が大きい順に記載し、文字の大きさは同一とすることになっています。

2008年の改革により、新たに「地理的表示なしセパージュワイン」というカテゴリーが新設されました。各産地の生産基準書に基づいて造られる地理的表示ワインとは違って、産地名の記載はありませんが、セパージュ（品種名）や醸造年を記載することを認められたワインです。

もっとも国内法レベルでは、品種表示に一定の制約があります。例えば、第三章で触れたように、フランスでは特定の品種について、「地理的表示なしセパージュワイン」が表示することは禁止されています。アルザスの代表品種であるリースリング、ゲヴュルツトラミネール、シルヴァネールのほか、アリゴテも認められていません。これらの品種は、ＡＯＣワインでも表示されるのが一般的ですので、混同を避けようということなのかもしれません。

またイタリアでは、表示可能な品種が限定列挙される「ポジティブ・リスト」方式が採られています。表示が認められているのは、シャルドネ、カベルネ・ソーヴィニヨン、メルローなどの限られた品種＊2です。イタリアには多数の土着品種があるのですが、ほとんど認められていません。

ブドウ品種の名称のなかにＡＯＰ・ＩＧＰが含まれているときは、原則として、その品種名をラベルに記載することはできません。ただし、すでに述べたように、その例外として、ＥＵ産のＡＯＰ・ＩＧＰワイン、ＥＵ域外の「地理的表示付きワイン」につき、一定の原産地呼称に関係する品種名を記載することが認められています（ブルゴーニュのドイツ名「ブルグンド（Burgund）」に関係する「シュペートブルグンダー（Spätburgunder）」など）。

ＥＵ域外のワインについては、品種名の使用条件は、第三国の国内法（その国の

＊2　左記がイタリアで表示が認められている品種：

スティルワイン
「Vini Varietali Chardonnay」、
「Vini Varietali Sauvignon」、
「Vini Varietali Merlot」、
「Vini Varietali Cabernet」、
「Vini Varietali Cabernet Franc」、
「Vini Varietali Cabernet Sauvignon」、
「Vini Varietali Syrah」

スパークリングワイン
「Spumanti Varietali Moscato」、
「Spumanti Varietali Malvasia」、
「Spumanti Varietali Pinot-Chardonnay」、
「Spumanti Varietali Pinot」、
「Spumanti Varietali Glera」、
「Spumanti Varietali Muller Thurgau」

代表的な生産者団体が作ったルール（でも可）に従ったものでなければなりません。そして、表示できる品種は、ＯＩＶ、ＵＰＯＶ（植物新品種保護国際同盟）、またはＩＢＰＧＲ（国際植物遺伝資源理事会）といった国際機関のリストに掲載された品種に限定されます。従って、日本からＥＵに甲州種のワインを輸出するに当たって、品種名「甲州」をラベルに記載するために、ＯＩＶでの登録が必要となったのです。

任意的記載事項③糖分含有指標

発泡性ワイン以外のワインについては、糖分含有指標の記載は任意となっています。記載する場合には、その糖分含有量に応じて、「sec（セック）」、「demi-sec（ドゥミ・セック）」、「moelleux（モワルー）」、「doux（ドゥー）」といった表示をすることになります。

任意的記載事項④伝統的表現

ワインの色、品質、醸造方法などに関する伝統的表現は、一定の要件を満たしたＡＯＰ・ＩＧＰワインでなければ使用することができません。これについては、後述します。

任意的記載事項⑤ＡＯＰ・ＩＧＰのマーク

任意的記載事項として、ＥＵのＡＯＰ・ＩＧＰのマークをラベルに記載することができます。チーズやハムなどでは、すでにＡＯＰのマークを表示したものが日本でも販売されています。

任意的記載事項⑥醸造方法に関する表示

ＥＵ産のＡＯＰワイン・ＩＧＰワイン、ＥＵ域外の「地理的表示付きワイン」の中で、木樽で発酵、貯蔵、または熟成されたものは、「barrel fermented（バレル・ファーメンテッド／樽発酵）」、「barrel matured（バレル・マチュアド／樽熟成）」、「barrel aged（バレル・エイジド／樽熟成）」といった表示をすることが可能です。逆に言えば、樽発酵や樽熟成といった表示のあるワインは、地理的表示付きワインだということになります。なお、国内法で定められた条件に従うことが必要で、木樽を使用した場合でも「オークチップ・エイジング*3」を行った場合には、このような表示は認められません。

AOP・IGPのマーク
チーズ、オリーブオイル、ハムなどでおなじみのＡＯＰ（左）とＩＧＰ（右）のマーク。その表示は任意ですが、最近では、このマークが付いているワインも輸入されています。

＊3　オークチップ・エイジング：オークチップと呼ばれる樽の切りくずを袋詰めしてタンクに投入し、樽香を付ける方法。もともとは新世界のデイリーワインに使われていたが、ＥＵでも使用が認められるようになった。

また、伝統的製法に基づいて造られた発泡性ワインを指し示す「traditional method（トラディショナル・メソッド）」、「classical method（クラシカル・メソッド）」、「classical traditional method（クラシカル・トラディショナル・メソッド）」などの表示は、AOPカテゴリーまたはEU域外の「地理的表示付きワイン」の中で、一定の条件を満たした発泡性ワインにのみ認められます。

瓶内二次発酵およびデゴルジュマン（オリを抜く作業）を行うこと、最低9カ月以上はオリとともに熟成させること、というのがその条件です。いろいろな産地のブドウをかき集めて造ったワインは、いくら瓶内二次発酵をさせたところで、地理的表示が付かないので、「traditional method」と記載することはできません。

発泡性ワインの「crémant（クレマン）」という表示は、「伝統的製法」を表示するための諸条件に加えて、ブドウの収穫は手摘みで行うこと、糖分含有量は1リットル当たり50グラム以下であること、二酸化硫黄含有量は1リットル当たり150ミリグラム以下であることなどの条件が課されます。

任意的記載事項⑦より限定された、またはより広範な、別の地理的単位の名称

AOP・IGPの基礎となる区域よりも「より限定された、またはより広範な、別の地理的単位の名称」の記載は、ＡＯＰ・ＩＧＰワイン、ＥＵ域外の「地理的表示付きワイン」にのみ認められます。より限定された地理的単位の名称を記載する場合には、その地域で収穫されたブドウの使用割合は85パーセント以上でなければなりません。

以上が、任意的記載事項としてＥＵワイン法に列挙されている項目です。ただし一定の記載事項については、産地レベルで、より厳格な要件を課すことも可能です。具体的には、ＡＯＰ・ＩＧＰワインの生産基準書において、収穫年、ブドウ品種、糖分含有指標、醸造方法などの表示を義務付けたり、禁止または制限したりすることが認められています。

伝統的表現の二類型

任意的記載事項の一つに、「伝統的表現」という事項がありました。伝統的表現は、二つの類型に区分されます。

第一の類型は、ある加盟国で伝統的に使用されてきた表現であって、ＡＯＰ・ＩＧＰワインのカテゴリーを意味するもの。代表的なものとして、フランスの

「Appellation d'origine contrôlée」、イタリアの「Denominazione di origine controllata e garantia」、スペインの「Denominación de origen」が、これに該当します。

第二の類型は、ＡＯＰ・ＩＧＰワインに関係する歴史的事項、場所の特徴、色、品質、醸造方法を指し示すことを目的とする**表10**のような伝統的表現です。

このような表現の使用を認められるのは、一定の要件（ワインのカテゴリー、生産地、醸造方法など）を満たしたワインだけです。例えば「Château（シャトー）」や「Clos（クロ）」という表現は、ＡＯＰ（ＡＯＣ）に属するフランスのワインにのみ表示することができます。「Vendanges tardives（ヴァンダンジュ・タルディヴ）」という表現は、フランスではアルザスやジュランソンの原産地呼称ワインにしか認められません。スペインの「Gran réserva（グラン・レセルバ）」については、ＡＯＰに属するスペインワインであって、容量３３０リットル以下のオーク樽を使用し、赤ワインの場合は、最低60カ月の熟成、うち最低18カ月の樽熟成を経ていること、白・ロゼワインの場合は、最低48カ月の熟成、うち最低６カ月の樽熟成を経ていることが条件です。

表10　伝統的表現 第二の類型の例

伝統的表現	意味
Château シャトー	ボルドー地方で、ブドウ栽培からワイン醸造までを自ら行う生産者またはその畑、醸造場、そのワインを指す。
Clairet／Claret クレーレ／クラレット	淡い色調をしたボルドー地方のフルーティな赤ワイン。
Clos クロ	現に「クロ」と呼ばれている区画から産出されるワインのみが使用できる歴史的表現。原産地呼称ワインに限って用いることができる。
Cru Artisan クリュ・アルティザン	畑の面積が5ha未満の小規模かつ秀逸な生産者を指す概念。2006年にボルドー地方メドック地区の44の生産者が認定されている。
Cru Bourgeois クリュ・ブルジョワ	ボルドー地方メドック地区の格付け。ヴィンテージごとに格付けされ、収穫の2年後に審査、毎年9月に発表される。
Cru Classé クリュ・クラッセ	ワインの品質、歴史、格付けされた区画に関連する表現。「コート・ド・プロヴァンス」、「サン・テミリオン・グラン・クリュ」、「オー・メドック」、「マルゴー」、「ソーテルヌ」などの原産地呼称ワインに限って認められている。
Grand Cru グラン・クリュ	特級。詳細はコラム（155ページ）参照。
Gran Reserva グラン・レセルバ	スペインの赤ワインで、最低60カ月の熟成（うち18カ月は樽熟成）、白・ロゼワインで、最低48カ月の熟成（うち6カ月は樽熟成）を経ていることを示す。樽は330リットル以下のオーク樽を使用。
Hors d'âge オル・ダージュ	熟成年数の呼称。コント（最低熟成年数）6のコニャック、6年以上熟成したカルヴァドス、10年以上熟成したアルマニャックに表示される。
Passe-tout-grains パス・トゥ・グラン	ブルゴーニュ産の原産地呼称ワインについてのみ認められる表現。生産基準書で認められた2品種（ピノ・ノワールとガメ）を使用して造られたワイン。
Premier Cru プルミエ・クリュ	一級。詳細はコラム（155ページ）参照。
Primeur プリムール	新酒。毎年11月第3木曜日から販売が開始される。一方ボルドー地方では、プリムールは先物販売を指す言葉。
Rancio ランシオ	高温や太陽にさらすなどして、酸化させながら熟成させた酒精強化酒。キャラメルのような独特の風味を持つ。
Sélection de Grains Nobles セレクション・ドゥ・グランノーブル	アルザス地方の甘口の貴腐ワイン。決められた4品種のいずれか1つを使用することや、ブドウを手摘みすること、ブドウ果汁の最低糖分含有量が規定されている。
Sur Lie シュールリー	「オリの上」という意味。アルコール発酵の際にできる沈殿物（オリ）に触れさせたままワインを熟成させ、味わいにうま味や複雑さを与える方法。
Vendanges Tardives ヴァンダンジュ・タルディヴ	アルザス地方の甘口の遅摘みワイン。決められた4品種のいずれか1つを使用することや、ブドウを手摘みすること、ブドウ果汁の最低糖分含有量が規定されている。
Villages ヴィラージュ	フランスの原産地呼称ワインを対象とする品質に関連する表現。ボージョレ、コート・ド・ボーヌ、コート・デュ・ローヌなど特定の原産地呼称についてのみ認められている。
Vin de Paille ヴァン・ド・パイユ	「藁ワイン」という意味。遅積みしたブドウを藁やすのこなどの上で乾燥させて造る甘口ワイン。ジュラ地方やコート・デュ・ローヌ地方の特産。
Vin Jaune ヴァン・ジョーヌ	「黄ワイン」という意味。サヴァニャンという品種を用い、樽で6年以上熟成させて造る辛口ワイン。ジュラ地方の特産。

伝統的表現の登録と保護

第二の類型に当たる伝統的表現は登録をすることが可能ですが、特定の種類のワインを識別するために、ＥＵまたは第三国の領土の大部分で、伝統的に使用されてきた表現でなければなりません。

あるいは少なくとも、流通過程で伝統的に使用され、名声を博した表現であることが必要です。また、その表現は普通名称となってはならないもので、加盟国の国内法によって定義され、規律されているか、あるいは第三国の国内法によって使用条件が定められているものでなければなりません。

伝統的表現の登録条件として、「伝統的」に使用されてきた事実が必要です。その表現が、当該ワインの生産国の公用語や地域語である場合は5年以上、それ以外の言語であって、流通過程で用いられる言語の場合は15年以上使用されてきたことが条件とされています。

こうして保護された伝統的表現を使用できるのは、所定の要件を満たしたワインだけです。伝統的表現は、あらゆる不正使用に対して保護されます。ただし、保護が及ぶのは、指定された言語およびカテゴリーの産品に限られます。

もっとも、伝統的表現が保護に値するとしても、その保護の程度は地理的表示ほど強くはなく、ＥＵ域外で生産され、域外で消費されるワインには保護は及びません。実際、日本では多くのワイナリーが「シャトー」名を冠したワインを販売しており、醸造方法に関する用語として「シュールリー」が広く使われています。

これらは、ＥＵに輸出されるものではなく、日本国内で消費されるものである限り、ＥＵ法上の問題が生じることはありません。仮に輸出されるとしても、伝統的表現の保護は指定された言語にしか及びませんので、単に日本語で「シャトー」と書かれているだけであれば、ＥＵ域内での販売が認められる可能性もあります。

アメリカ合衆国の事実上の公用語は英語ですが、ワイナリーの中にはフランス語の「Château」や「Clos」を名乗るものがあります。しかし、それらのワイナリーのワインは、合衆国内で消費されるのみならず、ＥＵへも輸出されていました。そこでＥＵは、「このような名称の使用は、伝統的表現を侵害するものである」と主張し、その輸入を禁止。合衆国との対立が続いています。

容器に関する規制

瓶の形状に関する規制

義務的記載事項や任意的記載事項として掲げられている項目ではありませんが、容器に関する規制もあります。ＥＵワイン法は、特定の瓶の形状につき、その使用条件を定めています。保護の対象となっている瓶の種類は、「Flûte d'Alsace（フルート・ダルザス）」、「Bocksbeutel（Cantil）（ボックスボイテル）（キャンティル）」、「Clavelin（クラヴラン）」、「Tokaj（トカイ）」の四つです。

① Flûte d'Alsace（フルート・ダルザス）

おもにアルザスで使われているボトルです。フランスワインのうち、次のワインのみが使用できます。

・アルザス地方のＡＯＣ「Alsace（アルザス）」、「vin d'Alsace（ヴァン・ダルザ

①フルート・ダルザス

ス）」、「Alsace Grand Cru（アルザス・グラン・クリュ）」
・サヴォワ地方のＡＯＣ「Crépy（クレピー）」
・コート・デュ・ローヌ地方のＡＯＣ「Château-Grillet（シャトー・グリエ）」、「Tavel（タヴェル）」（ロゼ）
・プロヴァンス地方のＡＯＣ「Côtes de Provence（コート・ド・プロヴァンス）」（赤・ロゼ）、「Cassis（カシス）」
・南西地方のＡＯＣ「Jurançon（ジュランソン）」、「Jurançon sec（ジュランソン・セック）」、「Béarn（ベアルン）」、「Béarn-Bellocq（ベアルン・ベロック）」

これら以外のワインを、この形の瓶に詰めることは禁止されています。ただし、フランス産以外のワインには、この規制は適用されません。

②Bocksbeutel または Cantil（ボックスボイテルまたはキャンティル）

昔使われていた動物の皮袋の名残を残したボトル。次のワインのみが使用を認められます。

・ドイツの「Franken（フランケン）」および一部の「Baden（バーデン）」のＡＯＰワイン

②ボックスボイテル

・イタリアの「Alto Adige（アルト・アディジェ）」および「Trentino（トレンティーノ）」などのＡＯＰワイン
・ギリシャのパロス島やケファロニア島産のワインなど
・ポルトガルにおいて伝統的に「Cantil」タイプの瓶を正当に使用してきたＡＯＰ・ＩＧＰワイン

③ Clavelin（クラヴラン）

フランスのジュラで「ヴァン・ジョーヌ＊4」に伝統的に使われてきた瓶で、容量は６２０ミリリットル。

ジュラ地方のＡＯＣ「Côte du Jura（コート・デュ・ジュラ）」、「Arbois（アルボワ）」、「L'Étoile（レトワール）」、「Château Chalon（シャトー・シャロン）」のみが使用することができます。

④ Tokaj（トカイ）

トカイワインに使われるボトルで、容量は５００ミリリットル、３７５ミリリットル、２５０ミリリットル、１００ミリリットル（輸出用のみ１８７・５ミリリッ

＊4 ヴァン・ジョーヌ：黄色い酒の意味。サヴァニャンという品種を用い、樽で6年以上熟成させて造るジュラ地方の伝統的な辛口ワイン。

③クラヴラン

④トカイ

トルも可)。

ハンガリーおよびスロヴァキアのワインのうち「Tokaji（トカイ）」または「Tokaj(-ské/ -ská/-ský)」のみが使用することができます。ただし、この２カ国以外のワインには、規制は及びません。

このように特定の瓶の形状が保護を受けるためには、その瓶が25年以上にわたって、排他的かつ伝統的に、特定のＡＯＰ・ＩＧＰワインについて実際に使用されてきたことが必要です。また、その瓶の形状が、消費者において特定のＡＯＰ・ＩＧＰワインを想起させるようなものでなければならないとされています。

容量に関する規制

地理的表示の有無に関係なく、ＥＵではワインボトルの容量に関する規制が定められています。規制の対象となる容量は、１００~１５００ミリリットルで、これより小さい容量および大きい容量については規制がありません。

一般のスティルワインについては、１００、１８７、２５０、３７５、５００、７５０、１０００、１５００（すべて単位はミリリットル）のいずれかの容量でなければなりません。またフランスの「ヴァン・ジョーヌ」は、例外的に６２０ミリリットルの容量だけが認められています。

　スパークリングワインは、１２５~１５００ミリリットルが規制対象になっていて、１２５、２００、３７５、７５０、１５００（すべて単位はミリリットル）の５種類が認められています。

　またヴァン・ド・リクールは、１００~１５００ミリリットルが規制対象になっていて、１００、２００、３７５、５００、７５０、１０００、１５００（すべて単位はミリリットル）の７種類のみが認められています。

　日本では、７２０や３６０ミリリットルのボトルが広く使われていますが、これはEUでは認められていませんので、EUへ輸出するためには、７５０や３７５ミリリットルのボトルに詰める必要があります。

表11　容量に関する規制

タイプ ( )内は規制の範囲	使用できる容量(単位: mℓ)									
スティルワイン (100 ～ 1500mℓ)	100		187		250	375	500	750	1000	1500
スパークリングワイン (125 ～ 1500mℓ)		125		200		375		750		1500
ヴァン・ド・リクール (100 ～ 1500mℓ)	100			200		375	500	750	1000	1500

EUの減反政策

現在、EUでは自由にワイン用のブドウを栽培することは認められておらず、「栽培権」または「植え付け権」という権利（droits de plantation）なく植え付けられたブドウは、引き抜かなければならない。ワインの過剰生産を防ぐための措置であるが、このような規制について、欧州司法裁判所は「基本的人権を制約するものであるけれども、『公序』による制限として承認される」としている。

市場における競争激化と減反政策

近年、EU産ワインをめぐる状況は、厳しさを増している。1980年代ごろから世界のワイン市場は大きく変化し、北米や南半球などの「新世界ワイン」が、欧州を含む全世界の市場でシェアを伸ばしている。北米やアジアではワイン消費が増加傾向にあるものの、フランス、イタリア、スペインなどの伝統的な生産国では、若者や女性のワイン離れに歯止めがかからず、ワイン消費が著しく減少している。

２００８年に始まったEUワイン法の根本改革では、思い切った減反政策が打ち出された。３年間で、EU全体で17万5０００ヘクタールのブドウ畑を減反することが決定され、そのための予算として2008年度には4億6400万ユーロ、2009年度には3億3400万ユーロ、そして2010年度には2億7600万ユーロが計上された。日本のブドウ畑の総面積が1万8000ヘクタール程度なので、その10倍近くの面積が減反されることになったのだ。

減反奨励金の支給に当たり、逓減方式が採用されたこともあって、初年度から予算額を上回る規模の減反の希望があった。国別ではスペインが最も多く、9万ヘクタールを超える畑が減反された。同国のブドウ栽培面積全体の9パーセントに相当する面積である。

フランスでは、圧倒的にラングドック・ルシヨンの減反希望が多く、この地方のワイン産業の苦境を示すものとなった。図12のように、実際に減反が決まった畑の面積もラングドック・ルシヨンが極端に多く、フランスの減反された畑全体の7割を超えている。AOCワイン用のブドウが栽培されている畑の減反希望も少なくなく、AOCコルビエールでは3年間で約1000ヘクタールもの畑が減反されることになった。

図12　2008~2010年度の減反奨励金により抜根されることになったフランスのブドウ畑（地域別）

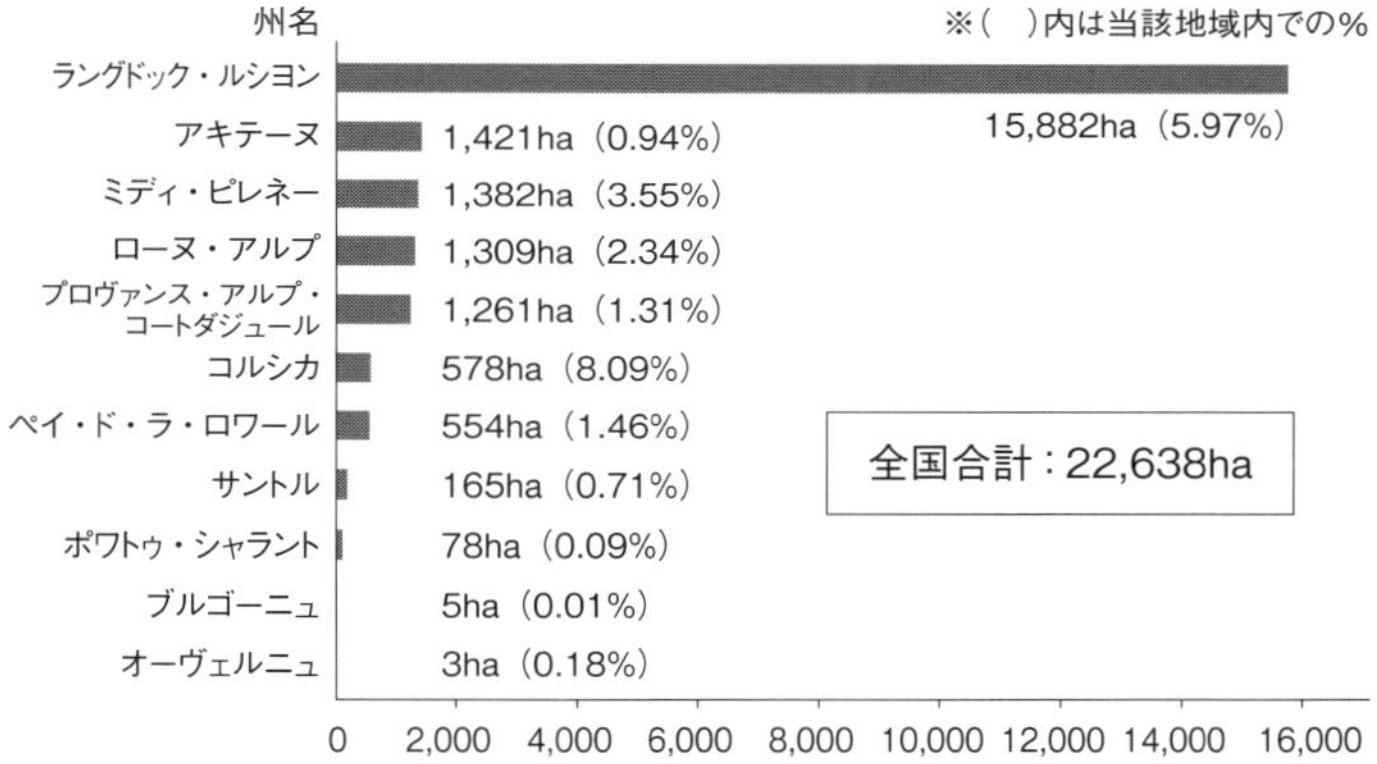

ラングドック・ルシヨンが圧倒的に多く、フランス全体の７割を超えている。同地域は日常消費用ワインの生産が主力であったため、品質において平凡なものが多く、ワイン消費減の影響を最も受ける形になった。

（出所：France AgriMer）

表13　2008~2010年度の減反奨励金により抜根されることになったフランスのブドウ畑（品種別）

最も多かったのが、カリニャン。次いでグルナッシュ、メルロー、シラーの順になっている。

（出所：France AgriMer）

品種	(ha)
カリニャン	4,914
グルナッシュ	3,075
メルロー	2,672
シラー	2,209
カベルネ・ソーヴィニヨン	1,532
サンソー	1,199
ガメ	745
カベルネ・フラン	507
シャルドネ	485
アリカンテ	449

減反政策の効果は？

１ヘクタール当たりの減反奨励金は、高収量の畑では高く、低収量の畑では低く定められていた。つまり収量の高い畑ほど、減反すれば奨励金が多く支払われる仕組みである。しかしながら、３年間の減反政策が終わってみても、実は生産量が大きく削減されることにはならず、あまり効果はなかったのではないかという評価が少なくない。

ワインの収量は、栽培されるブドウの品種によって大きく変わるため、いくら減反を強行してみたところで、栽培農家が収入減を恐れて、より高収量のブドウ品種に植え替えてしまうと、かえって生産量が増える可能性もある。米の減反とは違う難しさがここにある。

またＥＵは改革に当たって、減反を奨励する一方で、従来の栽培制限制度を撤廃し、ブドウ栽培を自由化するという矛盾した提案を行った。コストパフォーマンスに秀でた新世界ワインに対抗できるよう、ＥＵの生産者の競争力を強化させることがその狙いであった。当初の案によれば、２０１５年をもってＥＵ法に基づく栽培制限を撤廃し、２０１８年末には、ＥＵ加盟国の国内法に基づく制限を撤廃することになっていた。

しかし、このような栽培自由化案は、生産国の激しい反対を受けて、撤回に追い込まれる。生産国各国は、栽培自由化が再び市場における供給過剰や価格下落を引き起こすのではないかという懸念を表明。もし仮に自由化されるならば、フランスのブドウ畑は30パーセントも増加し、著しい生産過剰に陥るとの予想も示された。

最終的に新たな制度が提案され、ようやく合意に至った。それによれば、ブドウの新規植え付けには許可を要するものとし、毎年の許可面積はその国の栽培面積の1パーセントを超えてはならないこと、そして加盟国・産地レベルで、許可面積を1パーセント以下に抑えることもできるとされた。この制度は、2030年まで維持されることになっているが、実質的には、加盟国の裁量で、新規植え付けを禁止することも可能となり、生産過剰を恐れていた生産者側も納得のいく内容に落ち着いたようである。

日本の現行法はどうなっているか？

山梨県北杜市明野町のブドウ畑（三澤農場）。12ha の畑に欧州系品種や甲州が栽培されている（著者撮影）

第七章

日本における栽培・醸造をめぐる法的規制

法律上の定義の欠如

酒税法における「酒類」とは?

すでに触れたように、**日本の酒税法にはワインの定義は置かれていません。**ワインは、酒税法上は「果実酒」や「甘味果実酒」に位置付けられるものとされています。酒税法の規定は、どのようになっているのでしょうか?

まず、酒税法は「**酒類**」を定義しています。酒税法第2条第1項は、次のとおりです。

この法律において「酒類」とは、アルコール分一度以上の飲料（薄めてアルコール分一度以上の飲料とすることができるもの（アルコール分が九十度以上のアルコールのうち、第七条第一項の規定による酒類の製造免許を受けた者が酒類の原料として当該製造免許を受けた製造場において製造するもの以外のものを除く。）又は溶解してアルコール分一度以上の飲料とすることができる粉末状のものを含む。）をいう。

簡単に言うならば、酒税法上の「酒類」とは、アルコール濃度が1度以上の飲料のことです。その上で、酒税法は「発泡性酒類」、「醸造酒類」、「蒸留酒類」、「混成酒類」に分類しています。そして果実酒は、清酒とともに「醸造酒類」に含まれるものとされています。

果実酒の定義

次に、酒税法第3条第13号は、**果実酒**について、次のように規定しています。

果実酒　次に掲げる酒類でアルコール分が二十度未満のもの（ロからニまでに掲げるものについては、アルコール分が十五度以上のものその他政令で定めるものを除く。）をいう。

イ　果実又は果実及び水を原料として発酵させたもの

ロ　果実又は果実及び水に糖類（政令で定めるものに限る。ハ及びニにおいて同じ。）を加えて発酵させたもの

ハ　イ又はロに掲げる酒類に糖類を加えて発酵させたもの

ニ　イからハまでに掲げる酒類にブランデー、アルコール若しくは政令で定めるスピリッツ（以下この号並びに次号ハ及びニにおいて「ブランデー等」という。）又は糖類、香味料若しくは水を加えたもの（ブランデー等を加えたものについては、当該ブランデー等のアルコール分の総量（既に加えたブランデー等があるときは、そのブランデー等のアルコール分の総量を加えた数量。次号ハにおいて同じ。）が当該ブランデー等を加えた後の酒類のアルコール分の総量

―の百分の十を超えないものに限る。）

「果実又は果実及び水を原料として発酵させたもの」以外（すなわち、糖類、ブランデー、アルコール、スピリッツなどを加えたもの）で、酒税法施行令第7条第1項に該当する酒類は、果実酒からは除外されます。すなわち、次のような酒類です。

一　果実（果実を乾燥させ若しくは煮つめたもの又は濃縮させた果汁を含み、なつめやしの実を除く。以下この条において同じ。）又は果実及び水に糖類を加えて発酵させた酒類のうち、当該加えた糖類の重量（糖類を転化糖として換算した場合の重量をいう。以下この号及び次号において同じ。）が果実に含有される糖類の重量を超えるもの

二　法第三条第十三号イ又はロに掲げる酒類に糖類を加えて発酵させた酒類のうち、当該加えた糖類の重量（同号ロに掲げる酒類に糖類を加えて発酵させたものにあつては、当該酒類の原料として加えた糖類の重量を加えた重量）が同号イ又はロに掲げる酒類の原料となつた果実に含有される糖類の重量を超える

もの
三　法第三条第十三号イからハまでに掲げる酒類にブランデー等（同号ニに規定するブランデー等をいう。）又は糖類、香味料若しくは水を加えた酒類（以下この号において「ブランデー等混和酒類」という。）のうち、当該加えた糖類の重量が当該ブランデー等混和酒類の重量の百分の十を超えるもの

従って、大量に補糖した結果、「加えた糖類の重量（中略）が果実に含有される糖類の重量を超える」場合や、「加えた糖類の重量が当該ブランデー等混和酒類の重量の百分の十を超える」場合には、「果実酒」からは除外され、「甘味果実酒」に該当することになります。

なお、添加することが認められている糖類は、「砂糖、ぶどう糖又は果糖」であり、添加可能なスピリッツは、「果実又は果実及び水を原料として発酵させたアルコール含有物を蒸留したスピリッツ」とされています（酒税法施行令第7条第2項、第3項）。

甘味果実酒の定義

酒税法第3条第14号は、果実酒とは別に、**甘味果実酒**について、次のように規定しています。

甘味果実酒　次に掲げる酒類で果実酒以外のものをいう。

イ　果実又は果実及び水に糖類を加えて発酵させたもの

ロ　前号[*1]イ若しくはロに掲げる酒類又はイに掲げる酒類に糖類を加えて発酵させたもの

ハ　前号イからハまでに掲げる酒類又はイ若しくはロに掲げる酒類にブランデー等又は糖類、香味料、色素若しくは水を加えたもの（ブランデー等を加えたものについては、当該ブランデー等のアルコール分の総量が当該ブランデー等を加えた後の酒類のアルコール分の総量の百分の九十を超えないものに限る。ニにおいて同じ。）

ニ　果実酒又はイからハまでに掲げる酒類に植物を浸してその成分を浸出させたもの若しくは薬剤を加えたもの又はこれらの酒類にブランデー等、糖類、香味料、色素若しくは水を加えたもの

＊1　前号：酒税法第3条第13号（236ページ）参照。

なお、樽香を出すために「オークチップ」を使ったワインがありますが、これは、「酒類に植物を浸してその成分を浸出させたもの」と見なされるので、酒税法では「甘味果実酒」に該当することになります。

国際的なワインの定義との乖離

以上のように、果実酒であれ、甘味果実酒であれ、原料はブドウに限定されていません。ブドウ以外の果実を使うことも可能です。従って、「梅ワイン」、「いちごワイン」、「りんごワイン」等々、ブドウ以外の原料を使いながら「ワイン」を名乗った商品も堂々と売られています。ちゃんとしたワインを造っているワイナリーの売店で、ワインと同じように売られていることもあるので、ひょっとしたらワインと間違って買ってしまう人も少なくないのではないでしょうか。

また酒税法では、「果実酒」に、水、アルコール、糖類、香味料を加えることも認められています。国際的なワインの定義に従えば、ワインとは、新鮮なブドウのみを原料にしたものでなければならず、乾燥ブドウなどの使用は禁止されています。もちろん水の添加も認められません。ところが日本の酒税法は、そうなっていないのです。

「酒税法及び酒類行政関係法令等解釈通達」は、第3条で、酒税法「第3条第13号に規定する果実酒及び同条第14号に規定する甘味果実酒（中略）の原料となる『果実』には、果実を乾燥させたもの、果実を煮つめたもの、濃縮させた果汁又は果実の搾りかすを含む」と堂々と書いています。第二章のワイン法の成り立ちで言及したように、フランスのワイン法制定のきっかけとなったワインの代用品やまがい物は、「果実を乾燥させたもの」や「果実の搾りかす」を使ったものでした。日本の法律が、そのような産品の製造も許しているのは、驚くべきことです。

すでに指摘したように、国内で生産されているワインの圧倒的多数は、濃縮ブドウ果汁を還元して製成したものです。こういった商品が、コンビニエンスストアやスーパーマーケットなどで「ワイン」という名称で、大量に販売されているのが日本の現状です。

業界自主基準の定義は？

１９８６（昭和61）年に定められた、ワインの表示に関する業界の自主基準があります。**「国産ワインの表示に関する基準」**（当初の名称は「国産果実酒の表示に関

する基準」）というものなのですが、この基準はワインを

酒税法（昭和28年法律第6号）第3条（その他の用語の定義）第13号に規定する果実酒のうち、原料として使用した果実の全部又は一部がぶどうである果実酒

と定義しています。

酒税法の果実酒の定義よりは限定されていますが、それでも「新鮮なブドウ」を使うことが義務付けられているわけではありませんし、「一部がぶどう」ということは、ブドウ以外の原料を使うことも可能であるという趣旨であることは明らかです。ただし、そのワインに産地を表示する場合には、「使用した原料果実の全部がぶどう」であることが条件とされていますので、「勝沼」、「長野」といった産地名が表示されていれば、ブドウ以外の原料がブレンドされることはないでしょう。

日本には酒税法のほかに、**酒類業組合法**（酒団法ともいわれる）という法律があって、これに基づく国税庁告示「**地理的表示に関する表示基準を定める件**」（平成6年12月28日国税庁告示第4号）というものがあります。この中に、「ぶどう酒」の定義

が置かれています。それによれば、

> 『ぶどう酒』とは、酒税法（昭和28年法律第6号）第3条第13号及び第14号に掲げる果実酒及び甘味果実酒のうち、ぶどうを原料とした酒類をいう

と規定されています。

原料の一部にブドウが使われていたら、ここで言う「ぶどう酒」になるのか、それとも原料のすべてがブドウでなければならないのかは、この文言からは明らかではありません。また、「新鮮なブドウ」に限定されているわけでもありません。従って、地理的表示に指定された各産地の生産基準に委ねられるという解釈も成り立ちます。

国際的なワインの定義に合致し得る、もっと厳格

図 14　法令・自主基準によるワインの分類

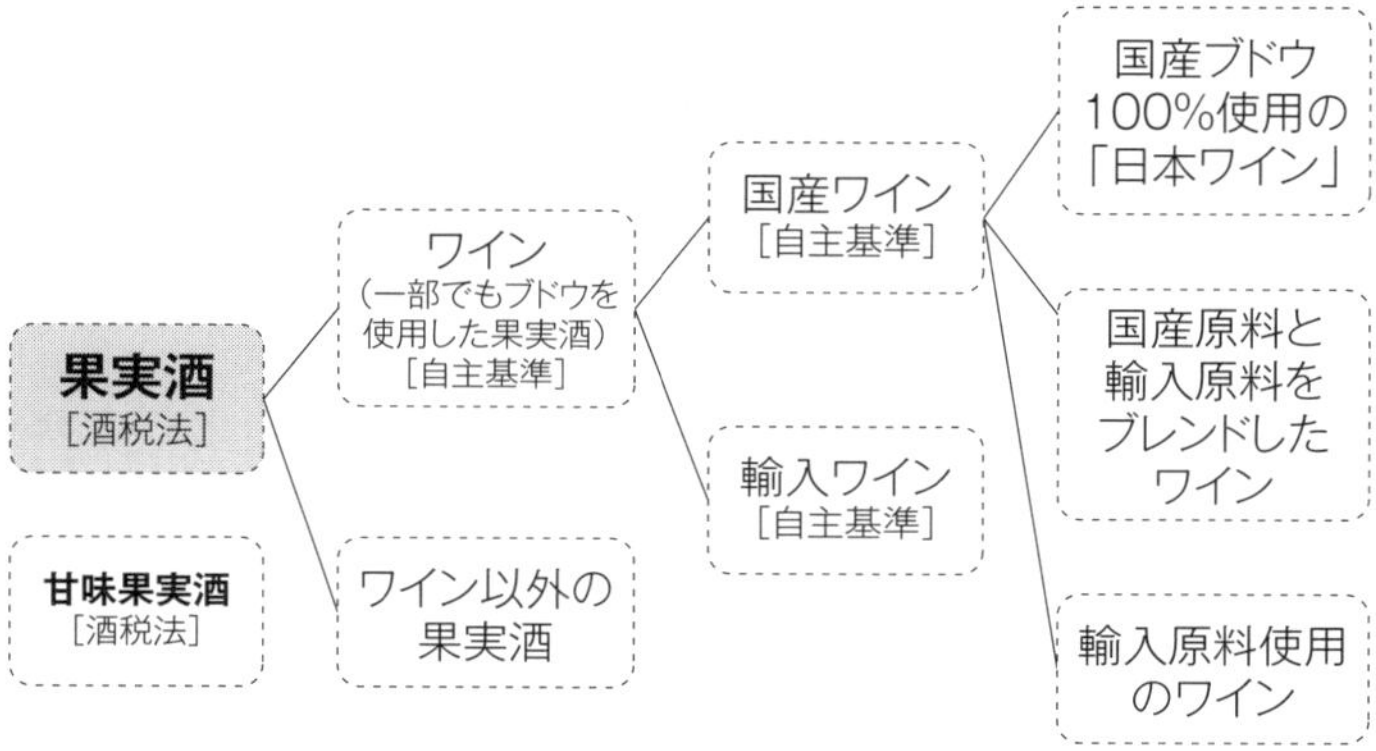

酒税法にはワインの定義は置かれておらず、果実酒と甘味果実酒を規定するのみです。業界自主基準である「国産ワインの表示に関する基準」は、一部でもブドウを使用した果実酒を「ワイン」と定義し、さらに「国産ワイン」と「輸入ワイン」を分類していますが、「国産ワイン」には輸入原料を使ったものも含まれています。

な定義は、日本には存在しないのでしょうか？　法令上の定義ではありませんが、２００３年に始まった「国産ワインコンクール」の応募ワインの要件を見てみましょう。

応募の対象となるワインは、酒税法第３条で定める果実酒のうち、日本国内で栽培され収穫されたぶどうのみを用いたワインであり、製造方法の分類によるスティルワイン及びスパークリングワインとします。ただし、香味調整のための香料（天然、合成を問わない）や色素を添加したものを除きます。

ここでは、ブドウ以外の果実を使うことは、できないようになっています。「新鮮なブドウ」という表現は見られないものの、「日本国内で栽培され収穫されたぶどうのみ」であれば、一応「新鮮なブドウ」であろうという推定が働きます。また、水やアルコールの添加については言及がありませんが、香料や色素の添加は禁止されています。

農地利用の規制

農地法の規制

日本で製造されているワインの75パーセント以上は、海外から輸入された濃縮ブドウ果汁を使ったもの。そのような原料を使ってワインを醸造することも、日本では認められています。しかし、世界的な常識からすれば、ワインは新鮮なブドウを原料とすべきものでしょう。

とはいえ、新鮮なブドウを手に入れるためには、農家や農協などから購入するか、あるいは自ら栽培しなければなりません。そして栽培するのであれば、当然ブドウ畑が必要です。

ワイン造りは、ブドウ栽培から始まります。良質のワインを造るためには、良質のブドウが不可欠です。どこの国でも、ワイナリーが自らブドウ畑を所有・管理し、直接ブドウを栽培しています。しかし日本では、長い間それが不可能であったため、多くのワイナリーは原料供給を「買いブドウ」に依存していました。**農地法によって農地の所有が規制されていた**からです。

日本の農地法は、日本の農業が稲作中心であったため、稲作を中心に構想されたものとなっています。戦前の日本では、大地主が農地を所有しつつ、実際には小作人が農業に従事していましたが、戦後、連合国軍総司令部（GHQ）の指揮の下、農地解放が進められました。政府は大地主が所有する農地を強制的に安値で買い上げ、それを現に耕作している農家に払い下げたのです。これにより、日本の農家は、ほとんどが自作農となりました。

このようにして戦後の農地法では、自ら農業に従事する個人が農地を所有することが原則とされ、株式会社の農地所有は認められませんでした。

ワイン特区による法人の農地利用

ところが近年になって、ワイナリーの農地利用が徐々に認められるようになってきています。まず政府は、**構造改革特別区域（特区）制度**を設けました。これにより、自治体レベルの地域限定措置として、ワイナリーを含む、株式会社による農地の賃借利用が可能になりました。

その代表例として、2003年に認定された山梨県の「ワイン産業振興特区」があります。当時の*2塩山市、山梨市、春日居町、牧丘町、三富村、勝沼町、大和村、石和町、御坂町、一宮町、八代町、境川村、中道町、芦川村および豊富村の全域において、ワイン原料用ブドウの栽培のため、ワイナリー（酒税法第7条の果実酒製造免許を受けてワインの製造を行う農業生産法人以外の法人）に農地を貸し付けることが可能になりました。

特区の導入については、次のような意義が記載されています。

*2　2014年現在、塩山市・勝沼町・大和村は甲州市、春日居町・石和町・御坂町・一宮町・八代町・境川村・芦川村は笛吹市、牧丘町・三富村は山梨市、中道町は甲府市、豊富村は中央市である。

近年、国産ワインは、生産量が減少傾向にあるとともに、輸入ワインの増加に伴いそのシェアも減少の一途を辿っており、厳しい状況にある。

「ワイン造りはぶどう作り」とも言われるように、原料であるぶどうがワインの品質に与える影響は極めて大きいことなどから、ワイン造りとぶどう作りは一体であることが望ましいが、ワイン製造業者が原料用ぶどうの栽培を行うために農地を確保しようとする場合、既存の仕組みでは制度上の制約により対応困難な場合がある。

このため、当該地域において本件の特例措置を講じ、農地確保のための要件がより緩やかな新たな仕組みを導入することにより、ワイン製造業者自らによる原料用ぶどうの栽培、ぶどう作りからワイン造りまでの一体化による高品質ワインの製造の促進等を通じ、ワイン産地ブランドを確立するなど、ワイン産業の活性化が図られ、国産ワインの振興に資する。

（内閣府「構造改革特別区域計画」より引用）

その後も全国各地でワイン特区に認定される地域が相次いでいます。今では多くのワイナリーが、この特区制度を活用して自社畑を拡大しています。

2009年の農地法改正

戦後の農地解放で自作農の数は飛躍的に増加しましたが、やがて食糧自給率の低下、農家の高齢化や耕作放棄地の増加が深刻な問題となり、農地法は根本的な改正を迫られます。

そして**2009年に農地法が改正**され、戦後の自作農主義が改められ、農地の所有と耕作が切り離されました。その結果、農業生産法人以外でも農地の賃貸や貸し付けが可能となったのです。企業が農業に従事するようになれば、農地が効率的・

効果的に利用されるのではないかと期待されています。

　農地法改正に伴い、ワイン特区以外でも、株式会社の形態をとるワイナリーが、農地を借りて自らブドウを栽培できるようになりました。原料確保に苦労していたワイナリーも、畑を借りて自ら栽培すれば、安定的にブドウを得ることができます。またワイナリー自身が、ワイン醸造のための良質なブドウ栽培に取り組むことで、高品質なワインが生まれることにもなるでしょう。

ブドウ栽培に関する規制

日本には品種規制は存在するか?

日本には、栽培品種に関する規制は存在するのでしょうか?

「国産ワインの表示に関する基準」は、品種の表示のルールについて規定していますが、品種そのものの規制はありません。

また、国産ワインコンクールの応募条件を見ても、「日本国内で栽培され収穫されたぶどうのみを用いたワイン」と書いてあるだけで、品種については何ら条件が示されていません。実際、「北米系等品種」や「国内改良等品種」といった部門も設けられています。

ちなみに同コンクールのサイトでは、「北米系等品種」の代表品種として、キャンベルアーリー、コンコード、アジロンダック、ナイアガラ、デラウェア、ポートランド、スチューベンが列挙され、また「国内改良等品種」の代表品種として、マスカット・ベーリーA、清舞、山ぶどう、ブラッククイーン、ヤマソービニヨン、セイベル13053、セイベル9110などが挙げられています。

日本はワイン造りの歴史が短いので、甲州種を別にすれば、産地と品種の結び付きは、EU加盟国の場合に比べて弱いと言わなければなりません。とはいえ、「桔梗ヶ原*3」といえばメルロー、「余市*4」といえばケルナーやピノ・ノワールといった評価も固まりつつあります。今はまだ試行錯誤の段階かもしれませんが、いずれは、その産地に適した品種が何であるか、明らかになることでしょう。

*3　桔梗ヶ原：長野県塩尻市の地区名

*4　余市：北海道余市郡余市町

地理的表示「山梨」の場合

2013年7月16日、日本で初めて「山梨」がワインの**地理的表示**として国税庁長官によって指定されました。詳細は順に説明していきますが、その生産基準は、以下のように記されています。

> 山梨県産のぶどうを原料とし、山梨県内において発酵させ、かつ、容器詰めしたものでなければ「山梨」の産地を表示する地理的表示を使用してはならない（アルコールを添加したものを除き、補糖したものについてはアルコール分

が14・5度以下のものに限る。）。
ただし、原料とするぶどうは、甲州、ヴィニフェラ種、マスカットベリーA、ブラッククイーン、ベリーアリカントA、甲斐ノワール、甲斐ブラン、サンセミヨン及びデラウエアに限る。

（法令解釈通達「地理的表示に関する表示基準の取扱い等」より引用）

このように、「山梨」の地理的表示を使用する条件として、品種が限定されている点が注目されます。甲州、ヴィニフェラ種以外の交配種や北米系品種では、ここに列挙されたマスカット・ベーリーA、ブラッククイーン、ベリーアリカントA、甲斐ノワール、甲斐ブラン、サンセミヨンおよびデラウエアのみが認められ、セイベル、ナイアガラ、山ぶどうといった品種は、県内での栽培は可能でも、醸造したワインに「山梨」の表示を記載することは許されないのです。

表15　地理的表示「山梨」で使用可能な交配品種

品種名	交配・交雑	交配年または登録年
マスカット・ベーリーA	ベーリー × マスカット・ハンブルグ	1927
ブラック・クイーン	ベーリー × ゴールデン・クイーン	1927
ベーリー・アリカントA	ベーリー × アリカント・ブスケ	1923
甲斐ノワール	ブラック・クイーン × カベルネ・ソーヴィニヨン	1992
甲斐ブラン	甲州 × ピノブラン	1992
サンセミヨン	笛吹（ミルズ×アンジェロ・ピロヴァーノ）×グロー・セミヨン	2002

長野県や甲州市の場合

一方、長野県では、２００２年10月に「**長野県原産地呼称管理制度**」が創設され、以来年２回程度、「原産地呼称」ワインの認定が行われてきました。

認定ワインのみが排他的に「長野」を表示できるわけではないので、地理的表示とは違って、原産地名が保護されることにはならないのですが、認定ワインの審査を受けるための基準が定められています。それによれば、使用可能品種は以下のように限定列挙されています。

メルロー、シャルドネ、浅間メルロー、カベルネ・ソーヴィニヨン、ピノ・ノワール、ブラッククイーン、ケルナー、ソーヴィニヨン・ブラン、マスカットベリーA、ピノ・ブラン、カベルネ・フラン、セミヨン、サンセミヨン、ミュラートゥルガウ、サンジョヴェーゼ、シラー、ヴィオニエ、バルベラ、ピノ・グリ、ゲヴェルツトラミネール、リースリング、バッカス、マルベック、プティベルド、ヤマ・ソーヴィニヨン、信濃リースリング、小公子、デラウェア、竜眼、ＳＶ-20-３６５、シャルドネ・ドゥ・コライユ、セイベル９１１０、セイベル１３０５３、ザラザンジェ、ツヴァイゲルトゥレーヴェ、コン

コード、ナイアガラ、巨峰、ワイングランド、国豊3号、ホワイトペガール、ブラックペガール、山ぶどう、ドルンフェルダー

関係者の話によれば、長野県内で栽培されているほとんどすべての醸造用品種を列挙したとのこと。しかし、ヴィニフェラ種にしても、ここに挙げられていない品種は対象外になります。

山梨県甲州市では2010年に「**甲州市原産地呼称ワイン認証制度**」がスタートしましたが、この制度も、地理的表示とは違って、認定されたワインのみに産地の呼称使用を認めることによって原産地名を保護しようというものではありません。認定を受けるためには、一定の品種を使用することが義務付けられますが、長野県のように限定列挙しているわけではなく、甲州、欧州系品種、国内改良品種が対象とされています。北米系品種や山ぶどうを使った場合には、認定を受けることはできません。

糖度基準

フランスでは、最低果汁糖度や最低天然アルコール濃度が、各産地の生産基準書

で定められていました。日本でも、生産基準に最低果汁糖度が盛り込まれることがあります。

地理的表示「山梨」では、最低果汁糖度が甲州14度、ヴィニフェラ種18度、その他の品種16度となっており、気象条件に恵まれない年は、それぞれ基準を1度下げることが認められます。

「長野県原産地呼称管理制度」の最低果汁糖度は、メルロー、シャルドネ、浅間メルローについては19度以上、カベルネ・ソーヴィニヨン、ピノ・ノワール、ブラッククイーン、ケルナー、ソーヴィニヨン・ブラン、マスカット・ベーリーAなどは18度以上、竜眼などは17度以上、コンコード、ナイアガラ、巨峰、山ぶどうなどは16度以上と定められています。

また「甲州市原産地呼称ワイン認証制度」の場合、「ぶどうの糖度は、搾汁後の果汁糖度（補糖、濃縮等の処理前）とし、甲州種15度以上、欧州系醸造専用品種18度以上、国内改良品種17度以上」となっています。

どれだけ収穫できるのか？

すでに見たように、ＥＵワイン法では、地理的表示付きワインについては、それぞれ生産基準書で収量を決めることになっていました。しかし、日本の地理的表示である「山梨」には、収量の基準はありません。長野県や甲州市の原産地呼称制度でも、収量は定められていません。

もっとも、日本固有の品種である甲州種の場合、収量制限を行っても、あまり品質に変化が見られないため、収量を定めることは意味がないといった意見もあるようです。また「山梨」にしても、長野県や甲州市の原産地呼称制度にしても、糖度基準が定められている以上、良質のブドウを使用することが求められていますし、官能審査も必須となっていますので、収量規制が定められていなくても、一定の品質は保証されると考えることができるでしょう。

ワイン醸造に関する規制

誰でもワインを造れるか？

ワインは、ブドウさえあれば造ることができます。アルコール発酵に必要な酵母もブドウに付着しています。良さそうなブドウが手に入ったので、それでワインを造ってみようと考える人もいるでしょう。しかし日本では、一般の消費者がワインを含む酒類を醸造することは酒税法で禁止されています。酒税法によれば、酒類製造免許を受けることなく酒を造った者は、10年以下の懲役又は100万円以下の罰金が科されます。

昔は、日本でも農家の自家用酒造は認められていましたが、1880（明治13）年に製造可能な量が制限され、1899（明治32）年には自家醸造が全面的に禁止されます。政府は自家醸造を禁止すれば、農家の人も税のかかる酒を買わなければならなくなり、酒税を確保することができると考えたのです。

自家醸造に対する規制が強化され、ついには禁止されるに至ったのと連動して、酒税が大幅に増税されました。その結果、自家醸造が全面禁止された１８９９年には、酒税収入が国税収入の35パーセントを超え、国税中第１位の収入源となっていました。そして、その収入は、日清戦争や日露戦争の費用、その後の軍備拡大のための支出に充てられました。

しかし今日では、そもそも酒税収入は国税収入中わずか３パーセント程度にすぎなくなっています。酒税の必要性は認められるにしても、今日もなお、自己消費のための自家醸造まで禁止されなければならないのでしょうか。１００年以上が経過して、規制の合理性は確実とは言えなくなり、その根拠は揺らいでいます。

酒類製造免許の取得要件

では、合法的にワインを造るには、どうしたらよいのでしょうか？

それには、**酒類製造免許**を取得する必要があります。しかし残念ながら、一般の消費者が製造免許を受けるのは、実質的に不可能だと言っていいでしょう。酒税法では、ワインを含む果実酒については、免許を受けた後1年間に６０００リットル以上、すなわち７５０ミリリットル換算で８０００本以上製造できる見込みがなければならないと定められています。清酒やビールはさらに厳しくて、その10倍の6万リットル以上という要件になっています。そして、仮に運よく免許が出たとしても、3年連続してこの基準を下回った場合には、税務署長は免許を取り消すことができると定められています。個人が毎年8000本のワインを造り続けるというのは、およそ無理な話です。

そこで近年、長野県東御《とうみ》市や北海道余市町など、いくつかの自治体が相次いで「ワイン特区」に認定されました。特区では、この基準が年間2000リットルに引き下げられます。しかし、それでも225リットルの一般的な樽にして9樽ぐらいは必要です。それだけのブドウを集めることは容易ではありません。

このような規制は、自家用ワインを造りたい個人だけでなく、自園のブドウで醸造までしてみようと考えているブドウ栽培農家や、小規模ワイナリーにも大きな障害となります。高品質なワインを造ろうとしている造り手も、免許を取り消されないように、不本意でも収量を抑えることには慎重になるでしょう。また、自園のブドウが不作であれば、基準を満たすために、他所のブドウを買い集めなければならなくなってしまいます。

それならば、すでに免許を受けたワイナリーに醸造を委託してしまうという方法もあります。長野県や北海道などでは、こうした委託醸造が行われていますが、しかし、できることなら自分のワインは自分で造りたいもの。さらに言えば、委託先が毎年引き受けてくれる保証もありません。

ワインの醸造地

日本には、地理的表示「山梨」、長野県や甲州市の原産地呼称制度を別にすれば、醸造地に関する規制はありません。業界自主基準で、産地表示のルールが定められているだけです。自主基準によれば、産地の表示ができるのは、「使用した原料果実の全部がぶどう」で「かつ、同一の地で収穫したぶどうを75％以上使用したワイン」で、かつ「使用したぶどう（ぶどう果汁を含む。）のすべてが国産であるもの」という条件になっています。醸造地が収穫地からどれだけ離れていても、その収穫地のブドウを75パーセント以上使えば、その収穫地の名称をラベルに記載することができるのです。実際に、北海道で収穫されたブドウが山梨県や岡山県まで運ばれ、醸造されるケースもあります。自主基準上は、そのようなワインについても「北海道」という産地名を表示することは、まったく問題ないのです。

これに対して、地理的表示「山梨」の場合、前述の生産基準にあるように、山梨県内で収穫されたブドウだけを使っていても、山梨県外で醸造したり、瓶詰めしたりした場合は、ラベルに「山梨」という地理的表示を記載することはできなくなります。

長野県の原産地呼称制度も、長野県内で醸造され、瓶詰めされることが要件とされています。従って、国際的に評価されている高品質ワインであっても、例えばシャトー・メルシャンの「桔梗ヶ原メルロー」のように、県外（山梨県）で醸造されているものは、そもそも原産地呼称制度の対象外になってしまうのです。

補糖と補酸

前述のように、EU法は補糖や補酸を認めていましたが、補糖によるアルコール濃度の上昇は、南欧では1・5パーセント、アルザスやシャンパーニュでは2パーセント、ヨーロッパの最も冷涼な地域でも3パーセントまでと上限が定められていました。そして、補糖後のワインのアルコール濃度の上限も決められていました。EU法では、補酸の上限も1リットル当たり酒石酸換算2・5グラムと定められ、比較的冷涼な地域では、原則として補酸禁止。補糖と補酸を併用することも禁止されています。

これに対して日本の酒税法では、大量に補糖することが認められています。補糖と補酸を併用することも少なくありません。

すでに述べたように、補糖の結果、加えた糖類の重量が、果実に含まれる糖類の重量を超える場合や、加えた糖類の重量が、添加後のワイン自体の重量の10パーセントを超える場合には、「果実酒」からは除外されますが、逆に言えば、その範囲内であれば補糖することは自由なのです。そして、もし、その上限を超えて補糖した場合でも、酒税は高くなりますが、「甘味果実酒」として販売することが認められているのです。

しかし、そのように大量に補糖して造ったワインは、海外では受け入れられません。とりわけＥＵに輸出する場合には、ＥＵワイン法の定める基準に適合するワインであることを証明する必要があります。

ＥＵ基準をクリアするための醸造法とは？

日本ワインをＥＵへ輸出する場合、日本のワイン生産地がＥＵのどのゾーンに当たるのか、それによって、補糖がどの程度まで認められるのかを考えながら醸造しなければなりません。

日本のワイン産地は、南九州から北海道にまで広がっており、これを単一のゾーンに位置付けることは困難です。実際には、各産地の年平均気温、6～9月の合計降水量・合計日照量を考慮して決められています。それによると、北海道や山形県はゾーンA、勝沼や甲府市はゾーンB、大阪府はゾーンCの数字で計算することになっています。

ＥＵへ輸出するワインは、ＥＵ法で定められた最低アルコール濃度や補糖の基準をクリアすることが求められます。しかし、例えば日本の甲州種は、糖度の高い果汁を得ることが大変困難で、補糖は不可避です。酒類総合研究所の資料によると、甲州種に限り、その特性に配慮して、ゾーンBに該当する産地でも、より緩やかなゾーンAの補糖上限値を適用することが認められているようです。従って、上限は3パーセントとなります（ただし、補糖後のアルコール濃度については、白は12パーセント以下、赤は12・5パーセント以下というゾーンBの基準が甲州種にも適用されます）。

もっとも、甲州種にゾーンAの基準が適用されるにしても、甲州ワインに多いアルコール濃度11パーセントのワインを造ろうと思えば、糖度の高い甲州ブドウが必要になりますので、コスト的にも量的にも容易ではありません。

なお、地理的表示「山梨」では、アルコール添加が禁止され、補糖したワインのアルコール濃度は14・5パーセント以下と定められています（最低アルコール濃度は、辛口が8・5パーセント以上、甘口が4・5パーセント以上）。

長野県の原産地呼称制度では、果汁糖度に応じた補糖限度量が設定されており、果汁糖度19度では100ミリリットル当たり3・15ミリリットル（補糖分のアルコール換算値）、糖度18度では3・80ミリリットル、糖度17度では4・46ミリリットル、糖度16度では5・10ミリリットルとなっています。

添加物に関する規制

ＥＵは補糖の基準などは厳しいのですが、添加物の規制は日本の方が厳しく、例えば、フランスなどで行われているメタ酒石酸による清澄化処理がなされたワインは、日本に輸入することができません。

二酸化硫黄（亜硫酸塩）含有量の上限については、日本法の上限は1リットル当たり一律350ミリグラムとなっていますが、すでに見たように、ＥＵではワインのタイプや産地に応じて、異なる上限が規定されていました。辛口のスティルワインは1リットル当たり150ミリグラム（赤）または200ミリグラム（ロゼ・白）。

フランスのソーテルヌやハンガリーのトカイ・アスーは1リットル当たり400ミリグラムが上限。天候不良の年は、さらに上限を40ミリグラムまたは50ミリグラム引き上げることが認められていました。

糖分含有量の極めて高い甘口ワインの品質を維持するには、二酸化硫黄の添加が不可欠です。ドイツの高級甘口ワインが、検査の結果、ぎりぎり日本の基準を超えてしまったために輸入を阻止され、生産者に送り返すことを余儀なくされた事例もありました。こと甘口ワインに関する限り、1リットル当たり350ミリグラムを上限とする日本の基準は厳しすぎると思われます。

ワインに添加されている二酸化硫黄は極めて微量で、健康に害を及ぼすものではありません。にもかかわらず、品質の劣る「無添加」ワインを歓迎し、上質ワインの醸造に不可欠な二酸化硫黄の使用までも危険視するのは、わが国特有の傾向かもしれません。

なお、長野県の原産地呼称制度では、酸化防止剤（亜硫酸塩）の含有量につき、貴腐ワインおよび氷結ワインについては、1キログラム当たり350ミリグラム以下、それ以外のワインについては、1キログラム当たり250ミリグラム以下とする基準が設けられています。

ワイン産地を保護するしくみ

保護されている日本のワイン産地は？

ところで、ＥＵのＡＯＰ・ＩＧＰのように保護されている日本のワイン産地は、存在するのでしょうか？

国税庁告示「地理的表示に関する表示基準を定める件」に、次のような規定があります。

（1）日本国のぶどう酒若しくは蒸留酒の産地のうち国税庁長官が指定するものを表示する地理的表示又は世界貿易機関の加盟国のぶどう酒若しくは蒸留酒の産地を表示する地理的表示のうち当該加盟国において当該産地以外の地域を産地とするぶどう酒若しくは蒸留酒について使用することが禁止されている地理的表示は、当該産地以外の地域を産地とするぶどう酒又は蒸留酒について使用してはならない。
(2)清酒の産地のうち国税庁長官が指定するものを表示する地理的表示は、当該産地以外の地域を産地とする清酒について使用してはならない。
(3)前各号の規定は、当該酒類の真正の原産地が表示される場合又は地理的表示が翻訳された上で使用される場合若しくは「種類」、「型」、「様式」、「模造品」等の表現を伴う場合においても同様とする。

なお、ここで、「地理的表示」とは「酒類に関し、その確立した品質、社会的評価その他の特性が当該酒類の地理的原産地に主として帰せられる場合において、当該酒類が世界貿易機関の加盟国の領域又はその領域内の地域若しくは地方を原産地とするものであることを特定する表示」と定義されています。

また、その「使用」とは、「酒類製造業者又は酒類販売業者が行う行為」で、以下の行為に該当するものをいいます。

イ　酒類の容器又は酒類の包装に地理的表示を付する行為
ロ　酒類の容器又は酒類の包装に地理的表示を付したものを譲渡し、引き渡

し、譲渡若しくは引き渡しのために展示し、輸出し、又は輸入する行為
ハ　酒類に関する広告、定価表又は取引書類に地理的表示を付して展示し、又は頒布する行為

従って、酒店のチラシやネットショップの商品説明も「使用」に該当することになります。

重要なのは、「日本国のぶどう酒若しくは蒸留酒の産地のうち国税庁長官が指定するものを表示する地理的表示」は、「当該産地以外の地域を産地とするぶどう酒又は蒸留酒について使用してはならない」こと、すなわち保護されているということです。ですから、国税庁長官が指定した地理的表示は、指定された産地のワインでなければラベルに表記することができません。

この国税庁告示が出されたのは、今から20年近く前の、1994（平成6年）12月でしたが、その後、実際に「国税庁長官が指定」した地理的表示は、長らく焼酎の「壱岐」、「球磨」、「薩摩」、「琉球」と清酒の「白山」だけで、ワインの産地はありませんでした。

ようやく2013年7月になって、ワインの地理的表示第1号として「山梨」が

指定されたのです（改正平成25年国税庁告示第14号）。

地理的表示「山梨」の基準

地理的表示として指定された「山梨」は、山梨県が産地の地域とされています。その結果、山梨県以外の都道府県を産地とするワインに「山梨」と表示することは禁止されます。しかし、ただ山梨県産ブドウを使用しただけでは、「山梨」と表示することは認められません。フランスの原産地呼称制度のように、表示するためのルールが定められていて、一定の品質上の要件をクリアする必要があるのです。

法令解釈通達「地理的表示に関する表示基準の取扱い等」の生産基準を見ると（251ページ参照）、指定された地理的表示を使用する場合の基準が明記されています。その基準に適合したワインだけが「山梨」を名乗ることが許されるのです。

ブドウ栽培地が山梨県内であることはもちろんのこと、醸造・瓶詰めも山梨県内で行うことが要件となっています。使用できる品種も指定されています。これまで見てきたように、さらに最低アルコール濃度や最低果汁糖度も決まっており、山梨県ワイン酒造組合が定めた官能検査制度による官能検査に合格すること、といった要件もクリアしなければなりません。

最低果汁糖度の基準を満たすためには、よく熟したブドウを使う必要があります し、質の良くないワインは官能検査で不合格になります。一定の品質が要求される ことになります。

長野県や甲州市の原産地呼称制度と決定的に異なるのは、要件をすべて満たし、官能検査に合格したワインでなければ、「山梨」とラベルに表示することはできないという点です。長野県や甲州市の原産地呼称制度では、対象外のワインや審査不合格となったワインが「長野」や「甲州市」と表示することを防ぐことはできません。ただ、認定ワインのマークが付かないだけです。これでは、「長野」や「甲州市」という呼称が保護されているとはいえません。

これに対して、「山梨」の場合は、品種、アルコール濃度、果汁糖度といった基準に適合しないワイン、審査で不合格となったワインが「山梨」を名乗ることは禁止されますので、真に保護されているといえます。

どんな産地でも地理的表示の指定ができるか？

「山梨」に続いて、多くの産地が地理的表示に指定されることが望ましいのですが、指定を受けるためには、一定の条件を満たす必要があります。先ほど言及した法令解釈通達「地理的表示に関する表示基準の取扱い等」には、「指定する場合の基本的な考え方」が示されています。ワインに関係する部分だけを抜粋しておきます。

イ　長官指定産地は、特別な品質特性や社会的評価をもつぶどう酒、蒸留酒又は清酒を生産し、かつ、その名称が、当該ぶどう酒等の特別な品質特性や社会的評価を明示するものであるぶどう酒等の生産地域であること。

ロ　長官指定産地を表示する地理的表示は、「地理的表示に関する表示基準」第2項の規定により、当該指定産地以外の地域を産地とするぶどう酒等について使用できないことから、当該指定産地は、我が国において保護するに値する地理的表示を特定させるものであること。

ニ　産地名には、都道府県、市町村等の行政区画上の名称のほか、社会通念上、特定の地域を指す名称（例えば、明治前の旧地名）として一般的に熟知されている名称を含むものとする。

ポイントとなるのは、その産地で造られているワインが「特別な品質特性や社会的評価をもつ」かどうか、「我が国において保護するに値する地理的表示」かどうかという点です。

「山梨」の場合は、ブドウ栽培の長い歴史、明治初期からワインが醸造されてきた伝統、ワイン産地としての知名度、山梨の産業においてブドウ栽培業・ワイン産業が占めている重要性、栽培農家・ワイナリーの事業者数、イベント開催の実績、エノツーリズムの普及、「山梨大学ワイン科学研究センター」や「山梨県ワインセンター（山梨県工業技術センター）」といった研究機関の活動、さらには国産ワインコンクールの開催地であること等々、さまざまな要素によって「社会的評価」の存在を説明することが可能でした。

しかし、その他の産地でも、産地としての知名度、イベント開催の実績、あるいは、国産ワインコンクールや外国でのコンクールにおける受賞実績などによって、その「社会的評価」を説明することは、決して不可能ではないでしょう。

第五章では、フランスの地理的表示「ＩＧＰガール」の生産基準書を長々と引用しましたが、この産地のワインよりも品質において優位するワインを生み出す日本の産地は、決して少なくないと思います。

ドブロク裁判

今から30年ほど前、千葉県に住んでいた文筆家のM氏が無免許でドブロクを造り、あえて国税庁長官に利き酒会の招待状を送ったところ、酒税法違反で取り調べを受け、起訴されるという事件が起こった。

この裁判でM氏は、「個人が自分で用意した材料で自家消費用の酒を造り、それを飲んで楽しむことは私的な事項であり、それは憲法13条（幸福追求権）によって保障されているのであるから、国が制限することは許されない」と主張。

これに対して裁判所は、「個人が酒を造るのは経済的自由に含まれるが、その規制については立法府（国会）の裁量である」とし、自家醸造を認めると既存の酒造業者の売り上げが減り、酒税の安定的・効率的確保が困難になるという国側の主張をそのまま受け入れ、「酒造法は合憲である」とする判決を下した。

裁判所は自家醸造の全面禁止を合憲と判断したのだが、明治時代の制度が今日もなお合理性を持つものかどうかは疑わしくなっている。

第八章

日本のラベル表示規制

表示に関する業界自主基準

1986年の業界自主基準

ことワインに関する限り、日本では、誠実な造り手と消費者を保護するための法的規制は諸外国よりもかなり遅れているのが現状です。

その典型例が、1986(昭和61)年以来20年近くも維持されてきた業界の自主基準、すなわち「国産果実酒の表示に関する基準」でした。この基準は、ジエチレングリコール事件＊1を契機として、日本ワイナリー協会および北海道・山形・長野・山梨各県のワイン酒造組合によって定められたものです。

１９８６年の基準では、外国原料を用いても日本国内で醸造されたものである以上、「国内産ワイン」の表示が認められ、さらに、その使用量が50パーセント未満であれば「国産」の表示が許されるなど、国際的なルールとはかけ離れた内容となっていました。原産地や品質について誤認を生ずる恐れが大きいにもかかわらず、長年にわたってこの基準が適用されてきたのです。

２００６年の基準改正

２０００年代以降、国産ブドウのみを使用した日本ワインが注目を集めるようになったり、また２００３年から始まった国産ワインコンクールが定着していったりする中で、こうした自主基準の問題点が認識されるようになり、改正が検討されることになりました。

改正の基本方針は、第一に、消費者の視点に立って行うこと、第二に、情報公開の時代に対応したもの、国際ルールとの整合性に配慮したもの、業界の健全な発展に資するものとすること、そして第三に、分かりやすい内容とし、定める基準は客

＊1　ジエチレングリコール事件：１９８５年、オーストリアで生産されたワインに、不凍液に使われるジエチレングリコール（ＤＥＧ）が混入された事件。ワインに甘味とコクを帯びさせるためにＤＥＧが添加された。そのワインは日本に輸入され、ワイン原料として用いられ、日本のワインメーカーのラベルが貼られて出荷された。この事件により、国産ワインの原料として輸入原料が用いられていることが広く知られることとなり、自主基準制定のきっかけとなった。

観的根拠に基づくものとすること、という3点でした。

２００６年の改正により、まず基準の名称が「国産果実酒の表示に関する基準」から「**国産ワインの表示に関する基準**」に変更されました。改正後の新基準では、その目的が次のように記されています。

この国産ワインの表示に関する基準（以下「基準」という。）は、国産ワインの取引について行う表示に関する事項を定めることにより、一般消費者の適正な商品選択に資するとともに、不当な顧客の誘引を防止し、公正な競争を確保することを目的とする。

基準の適用範囲

基準の適用範囲については、「この基準は、事業者が国内消費用として、販売のため製造場から移出する国産ワインに適用する」と規定されています。「国産ワインの表示に関する基準」という名称からして当然かもしれませんが、輸入ワイン（日本国外で製造されたワイン）は対象外です。しかし、「国内消費用」ではない、国外に輸出されるワインも基準の対象外になっています。

ＥＵに向けて輸出されるワインで、品種名を表示する場合には、国内法または生産者団体の基準によって、表示のルールが定められていなければなりませんが、国外に輸出されるワインが除外されるとなると、日本には生産者団体の基準が存在すると説明することはできなくなってしまいます。このため、前述のとおり、甲州ワインの輸出プロジェクトに参加するワイナリーの団体「Koshu of Japan（ＫＯＪ）」で表示に関する内規を決めることが必要になりました。

国産ワインの定義

旧基準で、混乱を招く一因となっていた「国産ワイン」と「国内産ワイン」の二つの用語は「国産ワイン」に統合され、「国内産ワイン」の用語は廃止されました。

新基準は、「**国産ワイン**」を以下のように定義しています。


「国産ワイン」とは、次に掲げるものをいう。
イ　酒税法（昭和28年法律第6号）第3条（その他の用語の定義）第13号に規定する果実酒のうち、原料として使用した果実の全部又は一部がぶどうである果

実酒（以下「ワイン」という。）で、かつ、日本国内で製造したもの
ロ　イの酒類に本条（3）に規定する輸入ワイン[*2]を混和したもの

このように新基準では、「国産ワイン」の定義は、①国内で製造したワイン、および、②これに輸入ワインをブレンドしたワインとされました。

国内で収穫されたブドウを全く使用していなくても、国内で製造されれば「国産ワイン」ですし、輸入ワインをブレンドした場合も同様。さらに、「果実の全部又は一部がぶどう」と定義されている以上、ブドウ以外の果実が部分的に混入していても「国産ワイン」と表示されることになります。

＊2　本条（3）に規定する輸入ワイン：（3）「輸入ワイン」とは、日本国外で製造されたワインをいう。

自主基準が定める表示のルール

必要記載事項

自主基準では、「酒類業組合法のほか食品衛生法（昭和22年法律第２３３号）等の関係法令により、国産ワインについて表示が義務付けられている事項については、それらの定めるところにより、適正に表示する」こととされています。

法令により表示が義務付けられている事項として、製造者の氏名または名称、製造場の所在地、容器の容量、酒類の品目、アルコール分、発泡性を有する旨の表示、未成年者の飲酒禁止の表示、添加物の表示といったものがあります。

このほか、自主基準は、特に「事業者は、国産ワインを製造場から移出する時までに、次に掲げる事項を当該ワインの容器に明りょうに表示するものとする」として、次の二つを必要記載事項に掲げています。

（1）製造者名の表示

ワイナリーの名称記載は、法令によっても義務付けられているのですが、自主基準は、重ねて、「製造者名又は製造者名と製造場名を表示する」ものとし、さらに、「製造者○○株式会社」、「○○株式会社製造」または「○○株式会社××（ワイナリー等）製造」といった表示例を示しています。

（2）輸入原料を用いて製造した国産ワインの原料果実等の表示

自主基準では、「国産ワインの原料として、輸入原料を使用している場合には、使用に係る原料果実名等を、以下の用語区分にしたがい、使用量の多い順に表示する」とされています。輸入原料を使って製造されたワインに適用される規定です。

自主基準によれば、「国産ぶどう」、「輸入ぶどう」、「国産ぶどう果汁」、「輸入ぶどう果汁」および「輸入ワイン」の用語を、使用量の多い順に表示することとされています。また、ブドウ以外の果実を使用した場合には、「輸入りんご果汁」といった表示、乾燥ブドウを使用した場合には、「輸入乾燥ぶどう」といった表示が付されます。

さまざまな果実がブレンドされている場合には、例外が認められます。自主基準によれば、「使用した果実の種類が多数あり、そのすべてを表示することが困難な場合」には、「使用された主たる果実の名称等を表示する方法　この場合、当該用語の後に「他」「(ほか)」の文字を付す。」、または、「国産果実」、「輸入果実」、「国産果汁」、「輸入果汁」といった用語を表示する方法も可能です。

なお、「ワインの表示に関する了解事項」では、「『原料として使用した果実』には、果実を搾汁したもの、濃縮させたもの、乾燥させ若しくは煮詰めたものを含む」となっています。新鮮な果汁だけでなく、濃縮果汁の使用も認められているのです。

これらの「必要記載事項」の記載場所は、製造者名については、「メインラベル又は肩貼」、原料表示は「メインラベル、肩貼又は裏ラベル」と定められています。また、「表示に使用する文字の大きさは、8ポイント以上の統一のとれた日本文字とする。ただし、375ミリリットル以下のものにあっては、5・5ポイント以上の大きさの活字とすることができる」とされています。

特定事項

必要記載事項のほかに任意で記載される「特定事項」については、次のように定められています。

（1）国産原料のみを使用したワイン

当然のことですが、「国産ぶどう100％使用」という表示は、「原料として使用した果実の全部が国産ぶどう（ぶどう果汁を含む。）であるワイン」でなければなりません。また、「○○産ぶどう100％使用」という表示も、「原料として使用したぶどうの全部が○○産ぶどう（「○○産」は、ぶどうの収穫地名をいい、国産のものに限る。）であるワイン」でなければ認められません。

なお、ここでいう「収穫地名」とは、「都道府県名、市町村名、字等の地区名、畑名又は古地名」とされています。

（2）産地表示

ワインの産地を表示するためには、まず、「使用した原料果実の全部がぶどうで、かつ、同一の地で収穫したぶどうを75％以上使用したワイン」でなければなりません。そしてさらに、「当該産地が国内であるものについては、使用したぶどう（ぶどう果汁を含む。）のすべてが国産であるもの」でなければ表示は認められません。従って、部分的であっても外国原料を使用したワインは、産地表示は認められないのです。「当該産地が国外であるものについては、産地の表示は行わない」と明記されています。

ただ、これにも例外が認められていて、「事業者が国外に自園を有し、当該園のぶどう（生ぶどうに限る。）を輸入して製造したワインであって、当該ぶどうについて原産地の証明があり、かつ、当該産地名を使用することについて公的機関の承諾があるもの」については、外国のものであっても産地表示が可能とされています。

また、「事業者は、国産ワインに表示する商標及び商品名等（以下「商標等」という。）が、産地の表示と紛らわしい又は誤認するおそれがあると思慮する場合には、これを取り除くための表示」をしなければなりません。例えば、「〇〇は、このワイン（ぶどう）の産地（収穫地）を表す表示ではありません」のように、産地表示と紛らわしい商標などに対する打ち消し表示が義務付けられています。いわゆる「御当地ラベル」、「観光地ラベル」、「プライベートラベル」も同様です。

（3）品種表示

品種表示については、「使用したぶどうのうち、同一品種のぶどうの使用割合が75％以上であるワイン、又は同一品種のぶどうの使用割合は75％未満であるが、上位2品種のぶどうの使用割合の計が75％以上であるワイン」でなければ認められません。2品種以上を使用した場合の品種表示は、「上位1品種又は使用割合の多い順に2品種」を表示することとし、「上位1品種のみを表示する場合には、その使用割合が75%以上のもの、上位2品種を表示する場合には、ロゼワインを除き、上位2品種のうち、少ない方の品種の使用割合が15%を超えるもの」の表示が認められます。

しかしながら、産地表示とは異なり、輸入果汁を使った場合でも、原料の原産国の証明書があれば、品種表示は可能です。「了解事項」には、「品種の表示に当たっては、原料として使用されたぶどうの形状（生果、果汁、輸入ワイン）及びその産地（国内、国外）を問わない」と記されています。

同じく「了解事項」によれば、「甲州」は、品種名として取り扱われることになっています。「例えば『甲州の旅』、『甲州物語』等の場合は、甲州種によるワインを75%以上使用したものでなければならない」と定められています。

（4）年号（収穫年）表示

年号の表示を認められるのは、「使用したぶどうのうち、同一収穫年のぶどうを75%以上使用したワイン」であり、かつ、「年号表示を行おうとするワインが国内原料によるものである場合は、使用したぶどう（ぶどう果汁を含む。）の全部が国産であるもの」のみです。なお、国外原料によるワインの年号表示については、産地表示と同じ要件が課されています。従って、ヴィンテージが表示されていれば、原則として、国産ブドウのみを使ったワインであると推測することができます（ただし、基準が遵守されていることが前提です）。

なお、産地、品種または年号を併用して表示する場合は、当然のことながら、それぞれの基準に合致していなければなりません。

特定用語の使用基準

ワインのラベルには、その品質や製造方法を示す用語が記載されることがあります。「シャトー」や「ドメーヌ」といった用語がそうです。自主基準は、これらを「特定用語」として列挙し、使用するための条件を定めています。

(1) 貴腐ワイン、貴腐

貴腐ワインとは、貴腐化した白ブドウから造られた極甘口のワインで、フランスのソーテルヌ、ドイツのトロッケンベーレンアウスレーゼ、ハンガリーのトカイのものが世界的に有名です（以上の三つは「世界三大貴腐ワイン」と呼ばれています）。

自主基準では、「ほとんどが貴腐化されたぶどう（国産のものに限る。）のみを使用し、発酵前の果汁糖度（転化糖換算）が30ｇ／１００㎤以上の醪《もろみ》から製造したワインでなければ、貴腐ワイン又は貴腐と表示してはならない」と定めています。

また、「了解事項」では、「貴腐とは、ぶどうの樹上において果皮にボトリティス・シネレア菌が繁殖し、果皮表面から水分が蒸発して糖分が上昇した萎びた果実の状態又はその現象をいう」と定義され、貴腐化されたブドウの割合について、「ほとんどとは、４分の３程度をいい、残余の分についても貴腐化が進行しているものに限るものとする」としています。

（2）氷果ワイン、アイスワイン

アイスワインは、厳冬期にブドウ樹に付いたまま氷結した果粒を摘んで造られたワイン。極甘口で、極めて高価です。特にドイツやカナダのものが有名です。

自主基準は、「ほとんどが氷結ないし凍結したぶどう（国産のものに限る。）のみを使用し、採果解凍前に搾汁して得られた果汁の発酵前の果汁糖度（転化糖換算）が30ｇ／１００㎤以上の醪から製造したワインでなければ、氷果ワイン又はアイスワインと表示してはならない」としています。

なお、「了解事項」では、「氷果とは、ぶどうが樹上において自然条件下で氷結（凍結）した状態又はその現象をいう」と定義されています。従って、人為的に氷結されたブドウを使った場合には、アイスワインと表示することはできません。

（3）クリオエキストラクシオン

人為的にブドウを凍結させて極甘口ワインを造ることもできます。そのようなワインのうち、「人為的にぶどう（国産のものに限る。）を冷凍し、当該冷凍により凍結したぶどうを圧搾して得られた糖度の高い果汁のみを使用して製造したワイン」については、「クリオエキストラクシオン」と表示することが認められます。ブドウ果汁や輸入ブドウを凍結させたものは、この表示を付することはできません。

（4）冷凍果汁仕込

「人為的にぶどう果汁（国産のものに限る。）を冷凍し、当該冷凍により生じた氷を除去する方法により、糖度を高めた果汁のみを使用して製造したワイン」については、「冷凍果汁仕込」と表示することができます。輸入ブドウ果汁を使った場合には、そのような表示は認められません。

(5) シュールリー

シュールリーは、フランスのミュスカデで行われている製法で、ワインにコクや風味を与えるため、発酵終了後のワインをオリ(リー)と接触したままにしておく方法です。自主基準では、「ぶどう(ぶどう果汁を含み、国産のものに限る。)を原料として発酵させたワインで、発酵終了後びん詰時点までオリと接触させ、仕込後の翌年3月1日から11月30日までの間に容器に詰めたものでなければ、シュールリーと表示してはならない」とされています。

(6) 限定醸造

自主基準は、「ぶどう(ぶどう果汁を含み、国産のものに限る。)を原料としたワインで、総びん詰本数を告知したものでなければ、限定醸造と表示してはならない」としています。従って、輸入原料を使用している場合や、総びん詰め本数が示されていない場合には、「限定醸造」と表示することはできません。

（7）CHÂTEAU（シャトー）、DOMAINE（ドメーヌ）

日本のワイナリーにも、「シャトー○○」、「ドメーヌ○○」といったものがありますが、自主基準は、これらの特定用語の使用基準につき、「製造したワインの原料として使用したすべてのぶどう（ぶどう果汁を含み、国産のものに限る。）が、自園及び契約栽培に係るものでなければ、CHÂTEAU（シャトー）、DOMAINE（ドメーヌ）と表示してはならない」としています。

従って、「シャトー」や「ドメーヌ」を名乗るワインは、国産ブドウまたは国産ブドウ果汁を使用し、かつ、そのブドウは自園か契約栽培によるものでなければなりません。なお、「了解事項」では、「契約栽培に係るもの」とは、「文書による契約」があり、かつ、「契約期間が2年以上」であって、「栽培地域として地区又は畑を指定している」ことが条件となっています。農協から購入したブドウを使用したり、買い付けたワインをブレンドしたりしたものは、「シャトー」や「ドメーヌ」と表示することができません。

（8）ESTATE（エステート）

「ESTATE（エステート）」という表示については、「製造したワインの原料として使用したすべてのぶどう（ぶどう果汁を含み、国産のものに限る。）が、自園及び契約栽培に係るもので、かつ、その製造に係る製造場が当該ぶどうの栽培地域内であるもの」でなければ認められません。

「シャトー」や「ドメーヌ」では、「その製造に係る製造場が当該ぶどうの栽培地域内である」ことまでは要求されていませんでした。それゆえ、「シャトー・メルシャン桔梗ヶ原メルロー」のように、製造場が栽培地域から遠く離れていても「シャトー」を名乗ることは問題ありません。これに対して、「エステート」については、「ぶどうの栽培地域内」に「その製造に係る製造場」が置かれていなければ、表示することができないものとされています。

（9）元詰、○○元詰

「元詰」という表示は、国産ブドウまたは国産ブドウ果汁を使用し、かつ、そのブドウは自園か契約栽培によるものという「シャトー」、「ドメーヌ」の要件に加え、瓶詰めまでが、その製造場で行われなければ認められません。

自主基準は、「ワインの原料として使用したすべてのぶどう（ぶどう果汁を含み、国産のものに限る。）が、自園及び契約栽培に係るもので、かつ、当該ワインをその製造に係る製造場においてびん詰したものでなければ、元詰、○○元詰(「○○」は、製造者名をいう。) と表示してはならない」としています。

(10) 無添加

日本のスーパーマーケットやコンビニエンスストアでは、いわゆる「無添加」ワインが氾濫しています。ワインの製造過程では、さまざまな添加物が使用されており、とりわけ二酸化硫黄(亜硫酸塩)を用いることなく高級ワインを造ることは、ほぼ不可能です。しかし、「無添加」という用語が濫用され、「無添加」ワインが、いかにも健康に良いかのような誤解が消費者の間に広まってしまっています。

自主基準では、「ぶどうのみを原料としたワインで、無添加の文言に連続して当該要因を表記したものでなければ、無添加と表示してはならない」とされ、例えば、「酸化防止剤無添加」といった表示をするよう定められています。また、「了解事項」では、「表示する『無添加』の文字の大きさは、要因として表記する文字の大きさを上回ってはならない」となっています。

しかしながら、(1) から (9) までの特定用語が、国産ブドウまたは国産ブドウ果汁を使用したものでなければ表示できないのに対して、「無添加」表示については、「ぶどうの形状（生果、果汁、輸入ワイン）及びその産地（国内、国外）を問わない」（了解事項）とされています。従って、新鮮な国産ブドウを一切使用せず、もっぱら輸入濃縮果汁を使ったワインであっても、堂々と「無添加」と表示できるのです。いくら日本の製造工程では無添加であったとしても、外国で原料ブドウを破砕し、濃縮果汁を製造する過程で二酸化硫黄が添加されていたのでは、まったく無意味な表示だといわなければなりません。

二酸化硫黄は、ワイン醸造工程および製品における酸化防止作用のほか、有害微生物の殺菌および増殖阻止、ブドウ果皮からの赤色色素の溶出を助ける作用もあり、良質なワインを造るために、なくてはならないものなのです。二酸化硫黄が入っていれば、ワイン醸造過程で発生するアセトアルデヒドと結合して無臭の物質に変化しますが、「無添加」ワインでは、そのアセトアルデヒドが残存してしまうといった問題もあります。

説明表示

自主基準は、「事業者が、商品の説明を行う場合の説明表示は、事実を正確に伝えるものでなければならない。ただし、事実に基づく表示であっても、都合の良い部分だけを摘出した表示及び内容について誤認を与えるような表示であってはならない」としています。

また、「了解事項」では、特に「ブレンド割合や基準に達しない数値等の説明表示を行おうとする場合には、多い順にその割合、数値等をすべて表示するものとする」こと、さらに、「ぶどう（ぶどう果汁を含む。）を原料の全部とするワインについて、貯蔵期間の説明表示を行う場合には、優良誤認とならないよう最低貯蔵期間を貯蔵期間として表示するものとする」ことが明記されています。

消費者に誤認される表示の禁止

自主基準は消費者による誤認を防ぐため、次の表示を禁止しています。

(1)国際間の協定及び海外におけるワイン生産国の法令等により保護され、国際的に認められていて、尊重すべき用語の表示

下記の用語が、マドリッド協定に基づくブドウ産地名に由来する用語として、また、「了解事項」において「海外のワイン生産国の法令等によ

[マドリッド協定に基づくブドウ産地名に由来する用語の例]

「CHAMPAGNE」、「PORT」、「SHERRY」、「MADEIRA」、「RIOJA」、「CHIANTI」など

[海外のワイン生産国の法令等により保護されている用語の例]

「APPELLATION D'ORIGINE CONTROLEE（A.O.C.）」、「PREMIER（I er）CRU」、「GRAND CRU」、「CRU CLASSE」、「GRAND CRU CLASSE」、「GRAND VIN」、「QUALITATSWEIN BESTIMMTER ANBAUGEBIET（Q.b.A.）」、「QUALITATSWEIN MIT PRADIKAT（Q.m.P）」、「KABINETT」、「SPATLESE」、「AUSLESE」、「BEERENAUSLESE」、「EISWEIN」、「TROCKENBEERENAUSLESE」、「CLASSICO」など

り保護され」ている用語として列挙されています。これらの表示は、日本語で標記する場合であっても禁止されます。

(2) 原産国について誤認される恐れがある表示

「びん詰輸入ワインと誤認されるような表示」や「海外におけるワインの産地を連想させる『○○風』、『○○タイプ』等の表示」が該当します。例えば「シャンパン形式」、「ポートワイン・タイプ」といった表示は禁止されます。

(3) 産地について誤認される恐れがある表示

「ぶどうの収穫地と誤認されるような醸造地名の表示」は禁止されます。

(4) 天然、自然、純粋等の文言を用いた表示

「NATURE」、「PURE」、「天然」、「自然」、「純○○」といった表示は禁止されます。ただし、「了解事項」によれば、「『天然』等の用語は、商品説明のために説明表示の中で使用する場合には、その使用を妨げない」とありますので、例えば、「天然の酵母を用いて」という表示は認められることになります。

（５）業界における最上級を意味する表示

「最高」、「最高級」、「最良（ベスト）」など業界における最上級を意味する表示は禁止されます。

（６）唯一性を意味する表示

客観的根拠に基づく具体的な数値や根拠がないのに「日本一」、「第一位」、「当社だけ」、「他の追随を許さない」、「代表」、「いちばん」など、唯一性を意味する表示をすることはできません。

（７）その他

このほか、次の表示も禁止されます。

イ　ぶどうを原料としたワインで、「貴腐」、「貴腐ワイン」と認識させるおそれのある表示（「貴富」、「貴熟」、「貴腐方式」など）

ロ　ぶどうを原料としたワインで、「氷果ワイン」、「アイスワイン」と認識させ

るおそれのある表示（「氷結果ワイン」、「凍結果ワイン」、「氷結仕込方式」など）
ハ「本場」の文言を用いた表示
ニ「手造りワイン」等「手造り」の文言を用いた表示

表示上の注意事項

最後に自主基準は「表示上の注意事項」として、次のような表示を禁止しています。

（1）過剰な飲酒を勧めるような表示
（2）イッキ飲み等短時間の間に多量に飲酒することを勧めるような表示
（3）酒類ではないと誤認させるおそれのある表示
（4）自己の製造し販売する国産ワインの内容について、実際のもの又は自己と競争関係にある他の事業者に係るものよりも著しく優良であると誤認させるおそれのある表示

これらは、いずれも、ワインだけではなく、すべての酒類について禁止されるべき事項であるといえるでしょう。

基準の運営

たしかに、1986年の基準に比べれば、2006年の改正によって、より消費者にとって理解しやすいものに近づいたと評価できるでしょう。しかし、この基準は、あくまで業界の自主基準にすぎず、法的拘束力を持つものでもなければ、違反に対する罰則もありません。基準の運営は、「**ワイン表示問題検討協議会**」(道産ワイン懇談会、山形県ワイン酒造組合、山梨県ワイン酒造組合、長野県ワイン協会、日本ワイナリー協会で構成)に委ねられています。

基準の第11条では、「当協議会は、この基準の目的を達成するため、この基準の周知徹底、相談及び指導に努め、会員の製造する国産ワインの表示に関し、この基準に照らして問題となる事案が発生した場合には、当該会員に対し、当協議会名をもって問題の是正について注意を促すことができる。この場合、必要に応じ関係官庁と協議する」と規定されています。「会員」ではないワイナリーにおいて発生した事案については「問題の是正について注意を促すこと」すら難しい状態です。

消費者保護の観点からしても、このようなラベル表示事項に関する基準は、業界の協定ではなく、諸外国のように、法令によって定めるべきではないでしょうか。

図16　業界自主基準の運用とその限界

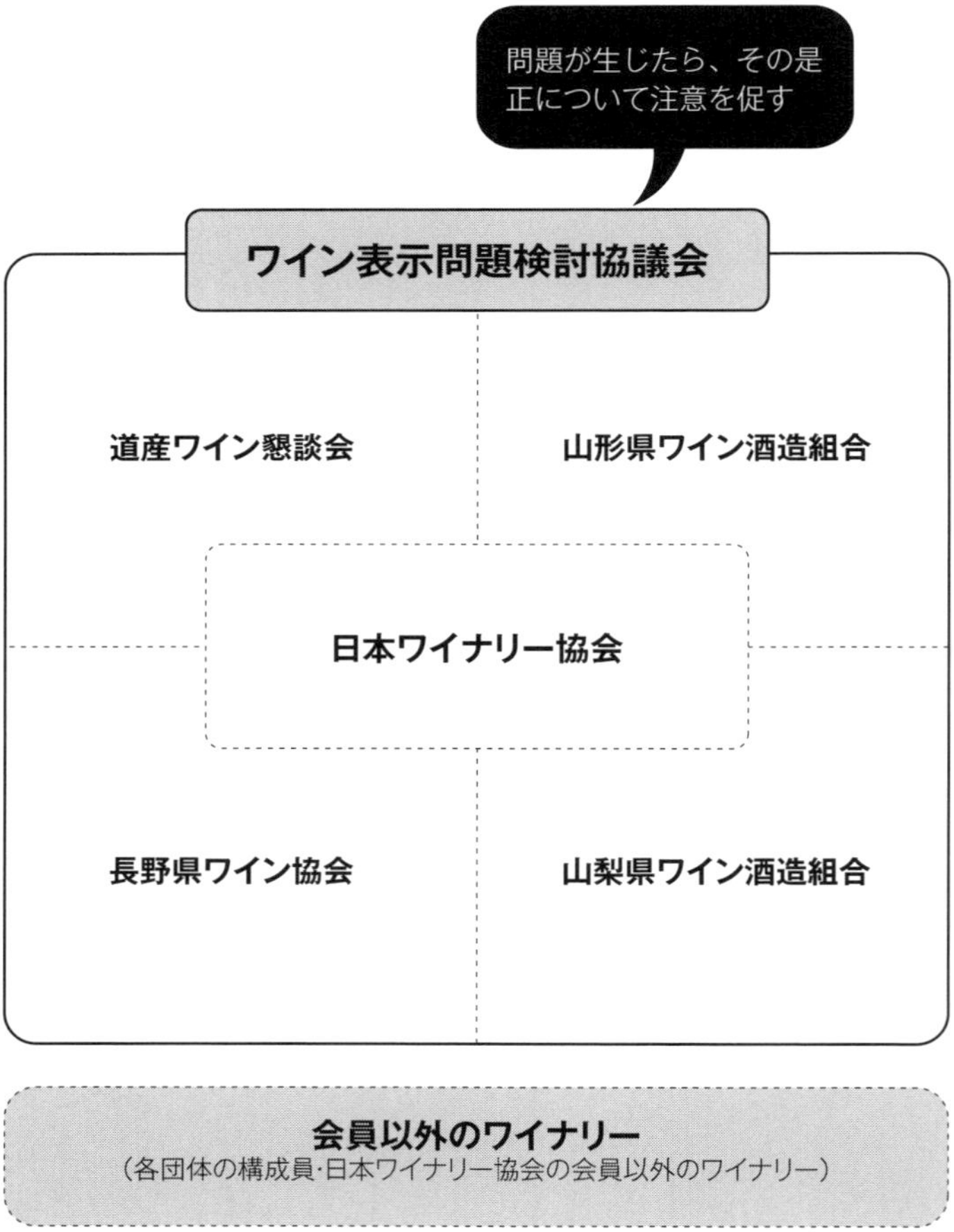

「国産ワインの表示に関する基準」は、あくまで業界の自主基準であるため、日本ワイナリー協会、4道県の生産者組合に加盟していないワイナリーでは、しばしば基準に違反する事例も見られます。そのようなワイナリーにまで基準を遵守させるのは、現状では難しい状況です。

その他の自主基準と法令に基づく表示

その他の業界自主基準

以上、長々と説明してきた「国産ワインの表示に関する基準」のほかに、一定の表示を義務付ける自主基準があります。

(1) 妊産婦の飲酒に対する注意表示

妊産婦の飲酒に対する社会的な懸念が高まる中、日本ワイナリー協会は、2004(平成16)年5月、製品本体に注意表示を行うこととしました。これにより、「妊娠中や授乳期の飲酒は、胎児・乳児の発育に悪影響を与えるおそれがあります」といった表示が義務付けられています。

(2) 酒類の広告・宣伝及び酒類容器の表示に関する自主基準

また、酒類業8団体(日本酒造組合中央会、日本蒸留酒酒造組合、ビール酒造組合、日本洋酒酒造組合、全国卸売酒販組合中央会、全国小売酒販組合中央会、日本洋酒輸入協会、日本ワイナリー協会)で構成する「**飲酒に関する連絡協議会**」の自主基準として、「**酒類の広告・宣伝及び酒類容器の表示に関する自主基準**」があります。「未成年者飲酒の防止などの社会的要請に応えるとともに、消費者利益の一層の確保と酒類産業の健全な発展を期する観点から」定められたものです。

広告および宣伝については、次章で取り扱いますが、酒類容器の表示についても定められています。その内容は、次のとおりです(番号は筆者加筆)。

①法令に従い、未成年者の飲酒防止に関する注意表示を行う。

②2・0リットル超の容器に「妊娠中や授乳期の飲酒は、胎児・乳児の発育に悪影響を与えるおそれがあります。」、「お酒は適量を」、「空き缶はリサイクル」などの注意表示を行う。なお、2・0リットル以下の容器には、上記注意表示のうち1項目以上を表示する。

③(1)缶容器、(2)300ミリリットル以下の容器に入っているアルコー

ール分10度未満の酒類には酒マークを表示する。

（日本ワイナリー協会ウェブサイトより引用）

法令に基づく表示

ところで、法律には表示に関する規定は、一切存在しないのでしょうか？

もちろん、法令による規制は定められています。その根拠法文は、「**酒類業組合法**」（酒税の保全及び酒類業組合等に関する法律　昭和28年2月28日法律第7号）の次の条項です。

第八十六条の五　酒類製造業者又は酒類販売業者は、政令*3で定めるところにより、酒類の品目その他の政令で定める事項を、容易に識別することができる方法で（中略）酒類の容器又は包装の見やすい所に表示しなければならない。

第八十六条の六　財務大臣は、前条*4に規定するもののほか、酒類の取引の円滑な運行及び消費者の利益に資するため酒類の表示の適正化を図る必要があると認めるときは、酒類の製法、品質その他の政令で定める事項の表示につき、酒類製造業者又は酒類販売業者が遵守すべき必要な基準を定めることができる。（以下略）

＊3　政令：酒税の保全及び酒類業組合等に関する法律施行令（昭和28年3月4日政令第28号）

＊4　前条：第86条の5

このように、86条の5では、「酒類の品目その他の政令で定める事項」の表示、すなわち、酒類の品目のほか、製造者の氏名・名称、製造場の所在地、容器の容量、アルコール分などの表示が義務付けられ、同第86条の6では、「酒類の製法、品質その他の政令で定める事項の表示につき、酒類製造業者又は酒類販売業者が遵守すべき必要な基準」を財務大臣が定めることができるとされています。

そして、財務大臣は、「酒類の表示の基準を遵守しない酒類製造業者又は酒類販売業者があるときは、その者に対し、その基準を遵守すべき旨の指示をすることができ」(第86条の6第3項)、その「指示に従わない酒類製造業者又は酒類販売業者があるときは、その旨を公表することができる」(第86条の6第4項)のです。

また財務大臣は、指示を受けた者がその指示に従わなかった場合に、その遵守しなかった表示の基準が、「酒類の取引の円滑な運行及び消費者の利益に資するため特に表示の適正化を図る必要があるものとして財務大臣が定めるもの」、すなわち「重要基準」に該当するものであるときは、その者に対し、当該重要基準を遵守すべきことを命令することができるとされています(第86条の7)。

その「重要基準」には、

「清酒の製法品質表示基準」(平成元年国税庁告示第8号)

表17　法令・自主基準によるラベル表示規制

	法令に基づく表示	国産ワインの表示に関する基準（業界の自主基準）
表示が義務付けられている事項	・製造者の氏名または名称 ・製造場の所在地 ・容器の容量 ・酒類の品目 ・アルコール分 （発泡性を有する旨の表示・税率適用区分） ・未成年者の飲酒禁止の表示 ・添加物の表示	・製造者名 ・輸入原料の表示
禁止される表示	・不正競争防止法・景表法などにより禁止される表示	・消費者に誤認される表示の禁止 ・過剰な飲酒、短時間の間に多量に飲酒することを勧めるような表示の禁止 ・酒類ではないと誤認させる恐れのある表示の禁止 ・実際のワインまたは他の事業者のワインよりも著しく優良であると誤認させる恐れのある表示の禁止
一定の要件を満たしたワインだけが表示できる事項	・地理的表示 ・有機などの表示	・特定事項（産地、品種、年号） ・特定用語（貴腐、アイスワイン、シュールリー、シャトー、ドメーヌ、無添加など）

●その他の自主基準

・酒類の広告・宣伝及び酒類容器の表示に関する自主基準
・妊産婦の飲酒に対する注意表示

法令や自主基準では、表示が義務付けられている事項のほか、禁止される表示も定められています。また、地理的表示や自主基準の定める「特定事項」、「特定用語」は、一定の要件を満たしたワインでなければ表示できません。

「**未成年者の飲酒防止に関する表示基準**」（平成元年国税庁告示第９号）
「**地理的表示に関する表示基準**」（平成６年国税庁告示第４号）
「**酒類における有機等の表示基準**」（平成12年国税庁告示第７号）
の規定が含まれています（「酒類の表示の基準における重要基準を定める件」平成15年国税庁告示第15号）。

もし今後、地理的表示「山梨」の基準に適合しないワインであるにもかかわらず、その表示を付した商品を取り扱う事業者が現れた場合、財務大臣は、まず地理的表示の使用を止めるよう、その事業者に対して個別に「指示」をすることができ、それに従わなければ「公表」。さらに、これが「重要基準」に当たることから、「命令」をすることもでき、それに違反した場合には、罰金に処されることになります。

なお、「**商標法**」（昭和34年４月13日法律第１２７号）第４条第17号は、「日本国のぶどう酒若しくは蒸留酒の産地のうち特許庁長官が指定するものを表示する標章（中略）であつて、当該産地以外の地域を産地とするぶどう酒又は蒸留酒について使用をするもの」は、「商標登録を受けることができない」と定めています。特許庁長官は、平成25年７月26日、「山梨」を商標法第４条第１項第17号の規定に基づく産地として指定しました。

図18　地理的表示に関する表示基準の罰則までの流れ

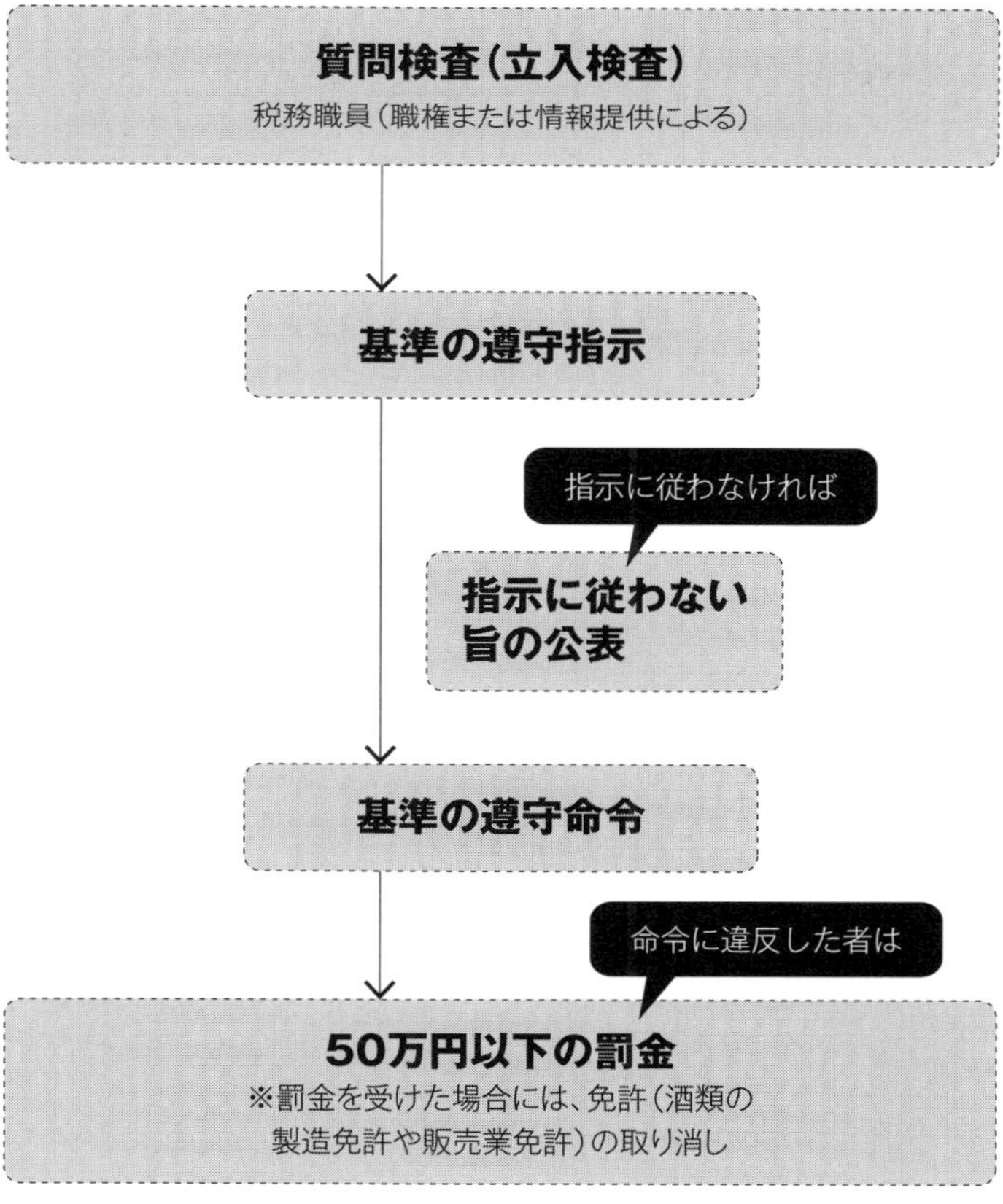

基準に適合しないワインについて地理的表示を使用すると、そのワインを製造した生産者だけでなく、そのワインを販売した酒販店も罰金刑を科されることになります。

（出所:農林水産省）

第九章

ワインの流通に関する法規制

酒類の販売免許

販売にも免許が必要

ところで、誰でもワインを販売できるわけではありません。出荷されたワインを販売するためには、法律で定められた手続きに従って、免許を受ける必要があります。日本では酒税確保の観点から、「酒税法」が、製造のみならず、輸入や販売についても免許制を採用しています。

ワインを販売する場合には、「**酒類販売業免許**」が必要です。免許を受けるためには、申請者ら、および申請販売場（酒類の販売場を設置しようとする場所）が酒税法第10条に規定する拒否要件に該当しないことが求められます。

酒税法第10条では、次のいずれかに該当するときは、税務署長は販売業免許を与えないことができるとされています。

（1）人的要件

①酒税法の免許又はアルコール事業法の許可を取り消されたことがある場合（酒類不製造又は不販売によるものを除きます。）

②法人の免許取消し等前1年内にその法人の業務執行役員であった者で、当該取消処分の日から３年を経過していない場合

③申請者が未成年者等でその法定代理人が欠格事由（①、②、⑦～⑨）に該当する場合

④申請者等が法人の場合で、その役員が欠格事由（①、②、⑦～⑨）に該当する場合

⑤販売場の支配人が欠格事由（①、②、⑦～⑨）に該当する場合

⑥免許の申請前2年内に、国税又は地方税の滞納処分を受けている場合
⑦国税・地方税に関する法令、酒類業組合法若しくはアルコール事業法の規定により罰金刑に処せられ、又は国税犯則取締法等の規定により通告処分を受け、その刑の執行を終わった日等から3年を経過していない場合
⑧未成年者飲酒禁止法、風俗営業等適正化法（未成年者に対する酒類の提供に係る部分に限ります。）、暴力団員不当行為防止法、刑法（傷害、暴行、凶器準備集合、脅迫、背任等に限ります。）、暴力行為等処罰法により、罰金刑が処せられ、その刑の執行を終わった日等から3年を経過していない場合
⑨禁錮以上の刑に処せられ、その刑の執行を終わった日等から3年を経過していない場合
⑩破産者で復権を得ていない場合

（2）場所的要件

正当な理由なく取締り上不適当と認められる場所に販売場を設置する場合（酒類の製造場又は販売場、酒場、料理店等と同一の場所等）

（3）経営基礎要件

経営の基礎が薄弱であると認められる場合（国税・地方税の滞納、銀行取引停

止処分、繰越損失の資本金超過、酒類の適正な販売管理体制の構築が明らかでない等）

（4）需給調整要件

酒税の保全上酒類の需給の均衡を維持する必要があるため免許を与えることが適当でないと認められる場合

また、以上の拒否要件のいずれにも該当せず、税務署長から酒類販売業免許が得られても、「欠格事由」に該当するようになった場合や、2年以上引き続き酒類の販売業をしない場合などは、免許を取り消される可能性があります。もちろん、不正に免許を受けた場合も免許取り消しの対象です。

なお、酒類販売業の免許制について、職業選択の自由を保障する憲法22条1項に違反する疑いが指摘されています。実際に裁判が提起された事例もあるのですが、最高裁判所は、

「租税の適切かつ確実な賦課徴収を図るという国家の財政目的のための職業の許可制による規制については、その必要性と合理性についての立法府の判断が、右の政策的、技術的な裁量の範囲を逸脱するもので、著しく不合理なものでない限り、

これを憲法22条1項の規定に違反するものということはできない」と述べた上で、「免許制度を存置しておくことの必要性及び合理性については、議論の余地がある」としながらも、現在の制度は「いまだ合理性を失うに至っているとはいえない」とし、合憲判決を下しています。

小売業免許と卸売業免許

酒類販売業免許は、小売業または卸売業の別により、「**酒類小売業免許**」と「**酒類卸売業免許**」に大きく分かれます。

「酒類小売業免許」は、「一般酒類小売業免許」、「通信販売酒類小売業免許」、「特殊酒類小売業免許」に分かれます。また、「酒類卸売業免許」には、「全酒類卸売業免許」、「ビール卸売業免許」、「洋酒卸売業免許」、「輸出入酒類卸売業免許」、「店頭販売酒類卸売業免許」、「協同組合員間酒類卸売業免許」、「自己商標酒類卸売業免許」、「特殊酒類卸売業免許」があります。

ワインの輸入には、「輸出入酒類卸売業免許」が必要となりますが、近年、免許の要件が緩和されました。以前は、経営基礎要件における基準数量として、年平均販売見込み数量が6キロリットル以上でなければならないと定められていたのが廃止

図19　小売業免許と卸売業免許

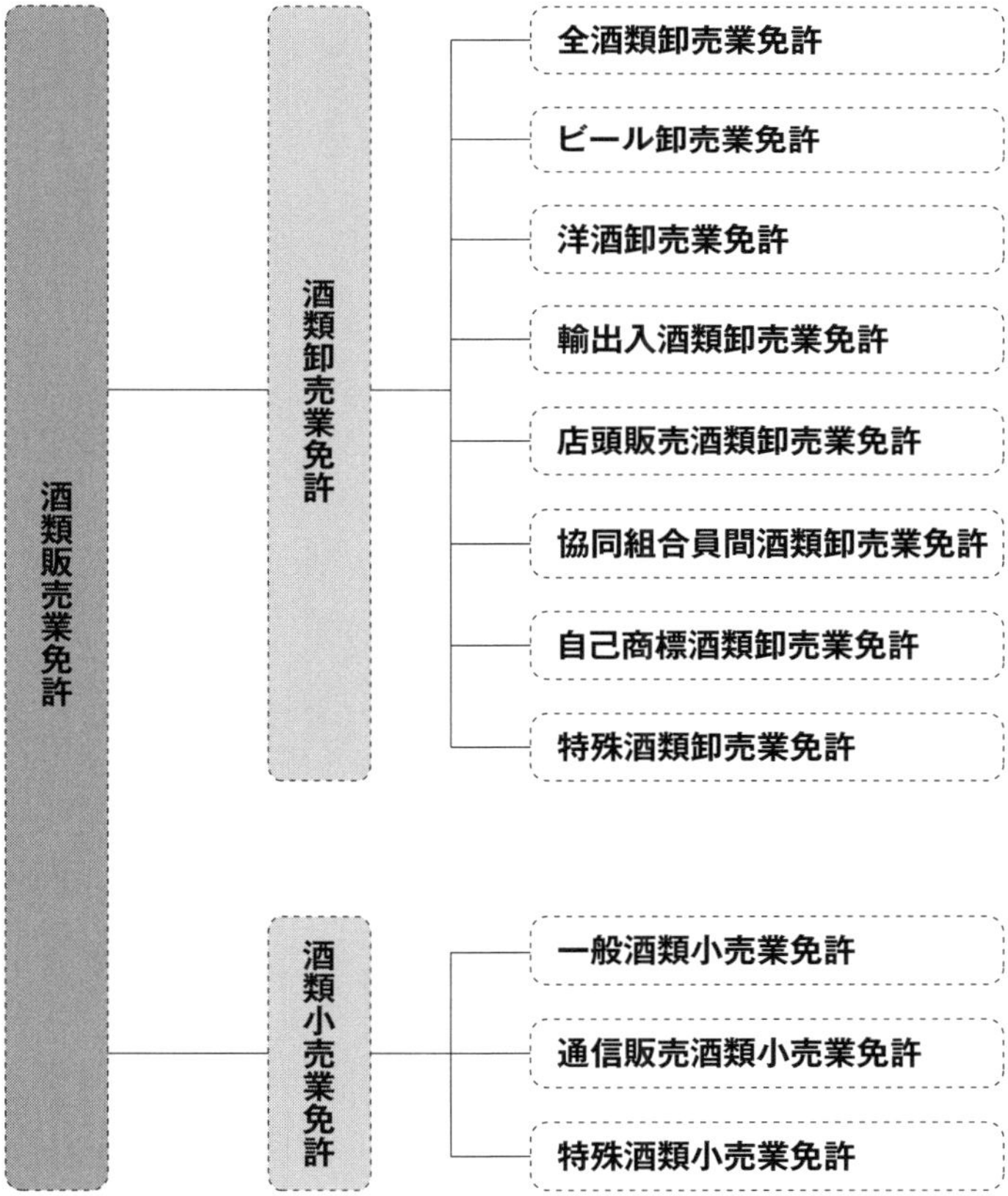
酒類販売業免許
酒類卸売業免許
全酒類卸売業免許
ビール卸売業免許
洋酒卸売業免許
輸出入酒類卸売業免許
店頭販売酒類卸売業免許
協同組合員間酒類卸売業免許
自己商標酒類卸売業免許
特殊酒類卸売業免許
酒類小売業免許
一般酒類小売業免許
通信販売酒類小売業免許
特殊酒類小売業免許

され、輸入数量が少なくても免許が取得できることになりました。「洋酒卸売業免許」についても、基準数量の要件が廃止されました。

なお、酒類製造免許を受けたワイナリーが製造したワインを販売する場合や、レストランやワインバーが店内で消費されるワインを顧客に提供する場合は、酒類販売業免許は不要です。

一般の消費者が、飲用目的で購入したワインや他者から受贈したワインのうち、不要になったものをインターネットオークションで販売するような場合も、免許は必要ありません。しかし、インターネットオークションに継続的にワインを出品し、販売を行うような場合には、「通信販売酒類小売業免許」が必要になりますので、注意が必要です（無免許で酒類の販売業を行うと、酒税法違反となり、1年以下の懲役または50万円以下の罰金が科される恐れがあります）。

広告や表示に関する法律

誤認を招く広告・表示の禁止（不正競争防止法）

ところで、ラベル表示に関する日本のルールについては、すでに述べたとおりですが、ワイナリーから出荷された後、流通段階でも広告や表示をめぐって問題が生じる可能性があります。

ワインの原産地や品質について、消費者の誤認を招く広告や表示は、「**不正競争防止法**」（平成5年5月19日法律第47号）によって禁止されています。不正競争防止法は、以下のような行為を「不正競争」と定義し、これによる営業上の利益の侵害を防止するために「差止請求」を認め、さらに損害が生じた場合における「損害賠償」や「信用回復措置」を定めています。

ワインの流通において起こり得る「不正競争」として、以下のような行為があります（番号および（　）内は筆者加筆）。

①「他人の商品等表示（中略）として需要者の間に広く認識されているものと同一若しくは類似の商品等表示を使用し、又はその商品等表示を使用した商品を譲渡し、引き渡し、譲渡若しくは引渡しのために展示し、輸出し、輸入し、若しくは電気通信回線を通じて提供して、他人の商品又は営業と混同を生じさせる行為」（**表示の冒用による混同招来行為**）

②「自己の商品等表示として他人の著名な商品等表示と同一若しくは類似のものを使用し、又はその商品等表示を使用した商品を譲渡し、引き渡し、譲渡若しくは引渡しのために展示し、輸出し、輸入し、若しくは電気通信回線を通じて提供する行為」（**著名表示の冒用行為**）

③「商品若しくは役務若しくはその広告若しくは取引に用いる書類若しくは通信にその商品の原産地、品質、内容、製造方法、用途若しくは数量若しくはその役務の質、内容、用途若しくは数量について誤認させるような表示をし、又はその表示をした商品を譲渡し、引き渡し、譲渡若しくは引渡しのために展示し、輸出し、輸入し、若しくは電気通信回線を通じて提供し、若しくはその表示をして役務を提供する行為」（**原産地誤認表示行為・質量等誤

誤認表示行為）

不正競争防止法19条1号は、特定の商品の普通名称になっている原産地名については、同法の適用を除外されると定めています。例えば、瀬戸物の瀬戸、さつまいもの薩摩、フランスパンのフランスなどです。

他方で同号は、「ぶどうを原料又は材料とする物の原産地の名称であって、普通名称となったものを除く」と明記しています。従って、ワインの原産地については、いかなる場合であっても同法が適用されることになっています。ワインのインポーターが、スパークリングワインの普通名称として「シャンパーニュ」や「シャンパン」という表示を商品に付したり、広告を行ったりする行為は、不正競争となります。

なお、商品の「広告」には、口頭による広告も含まれます。ワインの原産地の誤認を招くような内容を伝えて、客を店内に呼び込む行為などがそうです。

また来店した客に原産地の誤認を招く内容を伝えて、ワインの購入を勧める行為などは、「広告」というよりも、商品そのものに原産地を誤認させるような表示をする行為に該当するものと考えられます。

不当な表示の禁止（景品表示法）

広告やチラシの不当な表示があると、消費者は惑わされてしまいます。そのような表示は、「**景品表示法**（不当景品類及び不当表示防止法）」（昭和37年法律第134号）（以下、景表法）という法律によって禁止されています。

その第4条で禁止されているのは、以下のような表示です。

（1）優良誤認

①内容について、実際のものより著しく優良であると一般消費者に誤認される表示

②内容について、競争事業者に係るものよりも著しく優良であると一般消費者に誤認される表示

（2）有利誤認

①取引条件について、実際のものよりも取引の相手方に著しく有利であると一般消費者に誤認される表示

②取引条件について、競争事業者に係るものよりも取引の相手方に著しく有利であると一般消費者に誤認される表示

（３）誤認されるおそれのある表示
商品又は役務の取引に関する事項について一般消費者に誤認されるおそれがあると認められ内閣総理大臣が指定する表示

例えば、あるワイナリーが、自社の畑を「ロマネ・コンティ」に匹敵するような優れた畑だと宣伝するケースは、（１）の**優良誤認表示**に当たる恐れがあります。

また、実際の価格が６０００円程度のワインを５０００円で販売する時に「市価１万円のワインを５０００円で提供」、「市価の半額」などと表示することは、「不当な二重価格表示」に該当し、（２）の**有利誤認表示**に当たる可能性があります。
（３）の**誤認されるおそれのある表示**として指定されているものには、「**商品の原産国に関する不当な表示**」（昭和48年公正取引委員会告示第34号）「**おとり広告に関する表示**」（平成５年公正取引委員会告示第17号）などがあります。商品の供給量が著しく限定されているにもかかわらず、その限定の内容が明りょうに記載されていない「おとり広告」は、不当表示に当たります。

事業者団体の公正競争規約

景表法では、事業者や事業者団体が、消費者庁長官・公正取引委員会の認定を受けて、不当な顧客の誘引を防止し、公正な競争を確保するために、規約を設定できることになっています。これにより、酒類業界では「**酒類小売業における酒類の表示に関する公正競争規約**」（昭和55年4月3日公正取引委員会告示第7号）が定められています。

その中には、以下のような規定があります。

第5条　事業者は、酒類の取引に関し、実売価格に他の価格を比較対照するとき（単に値引率又は値引額を表示するときを含む。）は、自店通常価格以外の価格を比較対照してはならない。

第6条　事業者は、酒類の取引に関し、次の各号に掲げる表示をしてはならない。

（1）酒類の品位を傷つけ、又はそのおそれがある表示

（2）過度の廉売を連想させ不当に顧客を誘引するおそれがある表示

（3）虚偽又は誇大に類する表示

（4）他の事業者等を中傷し、又はひぼうする表示
（5）過大な懸賞、賞品、景品等の射幸心をあおる表示
（6）現品付販売に係る表示
（7）前各号に掲げるもののほか、消費者に酒類の種類（品目）、品質等を誤認されるおそれがある表示

この規約は、「全国小売酒販組合中央会」が実施機関とされていますが、規約に参加していない事業者には規約は適用されません。ただし、不参加事業者による行為が規約の円滑な実施に支障をきたすような場合には、全国小売酒販組合中央会は、その旨を消費者庁に報告するなどの措置をとることができます。

販売に関する法律

不公正な取引方法の禁止（独占禁止法）

近年、ワインを取り扱う酒販店やスーパーマーケットが増えてきて、競争も激しくなっていきます。価格競争は消費者にとってはありがたいのですが、値引きがどんどんエスカレートしていくと、酒販店が共倒れしたり、撤退を余儀なくされたりして、結果として消費者の選択の幅が狭くなってしまう可能性もあります。

酒販店やディスカウントストアがお酒を安く売ること自体は、法律に違反することではありません。しかし、「**独占禁止法**（私的独占の禁止及び公正取引の確保に関する法律）」（昭和22年法律第54号）（以下、独禁法）に規定する「不公正な取引方法」の一つとして禁止されている「不当廉売」に該当する場合は、独禁法違反となります。

すなわち、「正当な理由がないのに、商品又は役務をその供給に要する費用を著しく下回る対価で継続して供給」し、「他の事業者の事業活動を困難にさせるおそれがあるもの」（独禁法第2条第9項第3号）は、禁止されています。不当廉売を行った事業者が、過去10年以内に不当廉売を行ったとして、すでに行政処分を受けた「前科」のある場合には、課徴金の納付が命じられることがあります。なお、不当廉売に該当するかどうかの判断は、公正取引委員会が行います。

酒類のディスカウントに関して、国税局は、「酒類の販売価格は、製造及び流通に携わる個々の企業が自主的に決定すべきもの」としながらも、

> 酒類が多額の酒税を負担している財政物資であること及び国民の消費生活に関係の深い物資であることから、酒類業者の経営の健全性の確保と国民の消費生活の安定との両面の要請に応え得る合理的かつ妥当なものとすることが望ましい
>
> （国税庁ウェブサイト「お酒についてのQ＆A」より引用）

とする見解を出しています。

このほか、有力なメーカーや卸売業者が、取引数量の多寡、決済条件、配送条件

などの取引条件や取引価格について、差別的な取り扱いをすることも独禁法上問題となります（メーカーが小売業者に直接提供する差別的なリベートなど）。

取引関係で優越した地位にある事業者が、取引の相手方に対して不当に不利益を与えることも、違法となります（優越的地位の濫用）。

例えば、取引関係で優越した地位にある有力な小売業者（有名なワインショップやデパート）が、ワインを納入している卸売業者に対し、購買力を濫用して、行き過ぎた低価格での納入を強要したり、売り場の改装費用を負担させたりすることは、優越的地位の濫用に当たるものと考えられます。

酒類に関する公正な取引のための指針

ワインを含む酒類の取引については、国税庁も一定の指針を定めています。平成18年8月31日に制定された「**酒類に関する公正な取引のための指針**」がそうです。

この指針は、人口減少などによる経営環境の変化、酒類小売業の多様化を受けて、酒類の適正な販売管理や公正取引の確保、酒類業の健全な発展を目指したものです。

その主な内容は、以下のとおりです（指針より一部抜粋）。

（1）合理的な価格の設定

①価格は「仕入価格＋販管費＋利潤」となる設定が合理的である。また、酒類の特殊性から生じる多様な要請に応え得る合理的かつ妥当な価格であることが必要である。

②酒類の特殊性に鑑みれば、顧客誘引のための「おとり商品」として使用することは不適正な慣行であり改善していくべきである。

③的確な需給見通しに基づき、適正生産を行うことが必要である。

（2）取引先等の公正な取扱い

合理的な理由がなく取引先又は販売地域によって取引価格や取引条件について差別的な取扱いをすることは、価格形成を歪める一因となる。

（3）公正な取引条件の設定

スーパー等大きな販売力を持つ者が、自己都合返品、特売用商品の著しい低価納入、プライベート・ブランド商品の受領拒否、従業員等の派遣、協賛金や過大なセンターフィーの負担等の要求を一方的に行う場合、又はこれらの要求拒否を理由として不利益な取扱いをする場合は、納入業者の経営を悪化させ、製造業者の代金回収に影響し、酒税保全上の問題発生のおそれがある。

（4）透明かつ合理的なリベート類

透明性及び合理性を欠くリベート類は、廃止していくべきである。

実際に、事業者が合理的な価格設定を行うよう、改善指導を受けた事例もあります。ワインに関する事例ではないのですが、スーパーマーケットを営むA社とB社が、互いの店に対抗して販売価格を設定し、ビール系飲料・清酒の一部商品について、仕入価格を下回る価格で販売したケースがそうです。中でも、新ジャンルのビール系飲料の一部商品（350ミリリットル×24本）につき、A社では仕入価格を169円、B社では仕入価格を31円下回る価格で販売していたといいます。

広告・宣伝に関する業界自主基準

広告は、ワインをはじめ酒類の販売に大きな影響を与えます。しかし、過度の飲酒は健康に悪影響を及ぼす可能性があり、未成年者の飲酒防止、飲酒運転の防止の要請もあって、酒類の広告は一般の商品とは異なり、一定の規制が課されています。

酒類業8団体で構成する「飲酒に関する連絡協議会」は、「**酒類の広告・宣伝及び**

酒類容器の表示に関する自主基準」を定めています。その主な内容は、以下のとおりです。

広告宣伝を行う際には、「飲酒は20歳を過ぎてから」、「妊娠中や授乳期の飲酒は、胎児・乳児の発育に悪影響を与えるおそれがあります」、「お酒は適量を」、「飲酒運転は法律で禁止されています」、「空き缶はリサイクル」などの注意表示を行う。

テレビ、ラジオについては、視聴者の70％以上が成人であることを確認した番組に広告を行うよう配慮する。

未成年者の飲酒を推奨、連想、誘引する表現は行わない。

未成年者を対象としたテレビ番組、ラジオ番組、新聞、雑誌、インターネット、チラシには広告を行わない。

未成年者又は未成年者にアピールするキャラクター、タレントを広告のモデルに使用しない。

公共交通機関には、車体広告、車内独占広告等を行わない。

小学校、中学校、高等学校の周辺１００ｍ以内に、屋外の張替式大型商品広告板を設置しない。

過度の飲酒につながる表現、飲酒運転につながる表現、「イッキ飲み」等飲酒の無理強いにつながる表現、飲酒への依存を誘発する表現、スポーツ時や入浴時の飲酒を誘発する表現等を行わない。

次の時間帯にはテレビ広告を行わない。5時00分から18時00分まで。ただし、企業広告及びマナー広告（※）は除く。
※商品の表示、飲酒シーン（注ぐ、嗅ぐなどの描写を含む。）は禁止

（日本ワイナリー協会ウェブサイトより引用）


また、諸外国では、より厳しい規制が定められることも少なくありません。

フランスには1991年に制定された「**エヴァン法**」という法律があり、酒類の広告は日本よりもはるかに厳しく規制されています。インターネットでも同様で、いちいち生年月日を入力しないと、ワイナリーのサイトの閲覧ができないようになっています。ラジオやテレビでワインの消費を伸長させるような発言をすることも御法度で、ワイン業界は、あまりにも厳しすぎる規制に激しく反発。フランス国民のワイン離れが進む中で、ワイン業界は規制の緩和を強く求めているのですが、

他方で、反アルコール団体も活発にロビー活動を展開しており、さらに規制が強化される可能性もあります。

ワイン法と世界

第十章

国際化するワイン法

ワインに関する国際条約と協定

ワインは国境を越える

ワインは簡単に国境を越える産品です。輸送技術が発達した現在はもちろんのこと、古代ギリシャ・ローマの時代から、ワインは交易品と見なされてきました。

愛好家の方でなくても、海外でワインを購入し、日本に持ち帰った経験がある方は多いことと思います。また、国内のワインショップをのぞいてみても、棚に並んでいるのは大半が輸入ワインです。実際、日本で消費されるワインの3分の2は輸入ワインで、残り3分の1の「国産ワイン」も、その大部分は輸入された原料を使ったもの。日本のブドウだけで造られた「日本ワイン」は、全体から見たらごくわずかです。

国境を越えてワインが取引される以上、ワイン造りにもグローバル・スタンダードが求められることになります。また、ワイン産地の名称も、そのワインの生産国内で保護するのみならず、国外でも保護する必要があり、まがい物を防ぐための対策が不可欠です。

1883年のパリ条約

原産地の名称を国際法レベルで保護しようという取り組みは、すでに19世紀から試みられていました。**「工業所有権の保護に関する1883年3月20日のパリ条約」**がそうです。

パリ条約は、第1条第2項で、「工業所有権の保護は、特許、実用新案、意匠、商標、サービス・マーク、商号、原産地表示又は原産地名称及び不正競争の防止に関するものとする」と宣言。原産地表示・名称が知的財産権に含まれ、保護されるべきものであることを明言しています。

また、第1条第3項では、「工業所有権の語は、最も広義に解釈するものとし、本来の工業及び商業のみならず、農業及び採取産業の分野並びに製造した又は天然のすべての産品(例えば、ぶどう酒、穀物、たばこの葉、果実、家畜、鉱物、鉱水、ビール、花、穀粉)についても用いられる」とされ、ワインの原産地の表示や名称の保護が、当初から想定されていたことがうかがえます。

そして、条約は第10条で「産品の原産地又は生産者、製造者若しくは販売人に関し直接又は間接に虚偽の表示が行われている場合」には、条約を批准した同盟国が差し押さえなどの措置をとるべきことを定めており、また、第10条の2では、「工業上又は商業上の公正な慣習に反するすべての競争行為」が「不正競争行為」を構成するものであって、特に以下のような行為が禁止されるとしています。

---

①いかなる方法によるかを問わず、競争者の営業所、産品又は工業上若しくは商業上の活動との混同を生じさせるようなすべての行為
②競争者の営業所、産品又は工業上若しくは商業上の活動に関する信用を害するような取引上の虚偽の主張

③産品の性質、製造方法、特徴、用途又は数量について公衆を誤らせるような取引上の表示及び主張

さらに第10条の3では、パリ条約の同盟国の国民だけでなく、他の同盟国の国民についても、右記の行為を防止するための救済措置が、同盟国において設けられることとされています。

1891年のマドリッド協定

パリ条約は、原産地表示のみならず、特許、実用新案、意匠、商標など、さまざまな知的財産権を保護しようというものでしたが、その後に成立した「**産品の産地に関する虚偽又は誤表示の防止に関する1891年4月14日のマドリッド協定**」は、もっぱら原産地の不正表示を防止することを狙ったものです。ただし、ワインのみならず、あらゆる産品が対象とされています。

この協定の第1条は、「この協定が適用される国又はその中にある場所を原産国又は原産地として直接又は間接に表示している虚偽の又は誤認を生じさせる表示を有するすべての生産物は、前記の国のいずれにおいても、輸入の際に差し押さえら

れる」と規定するとともに、差し押さえができないときは、輸入禁止措置をとるべきこととしています。

また第3条の2は、批准した国が「生産物の原産地について公衆を欺くおそれがあるものを、看板、広告、送り状、ぶどう酒目録、商業用の書状又は書類その他のすべての商業用の通信の上に表わすことによって生産物の販売、展示又は提供に関連して使用することを禁止することを約束する」としています。

このマドリッド協定には、日本も1953（昭和28）年に批准しています。従って、日本国内でも、不正表示ワインの販売を阻止する仮処分申し立ての根拠法として、この協定を援用することが可能であると考えられます（『世界のワイン法』参照）。

1958年のリスボン協定

第二次世界大戦後、1958年に「**原産地呼称の保護及び国際登録に関する1958年10月31日のリスボン協定**」が締結されます。マドリッド協定は、原産地の不正表示の防止を狙ったものでしたが、禁止されるのは、虚偽表示や誤表示に限られていました。これに対してリスボン協定は、登録された原産地名称に関して、誤認または混同の要件を撤廃し、マドリッド協定よりも強い保護を与えています。リスボン協定では、「南仏のロマネ・コンティ」、「シャンパン製法」のような表示も禁止されます。

この協定の第2条には、次のような「原産地呼称」の定義が置かれています。

> 「原産地呼称」とは、ある国、地方又は土地の地理上の名称であって、その国、地方又は土地から生じる生産物を表示するために用いるものをいう。ただし、当該生産物の品質及び特徴が自然的要因及び人的要因を含む当該国、地方又は土地の環境に専ら又は本質的に由来する場合に限る。

また、第3条では、「生産物の真正な原産地が表示されている場合又は当該呼称が翻訳された形で若しくは『種類』『型』『様式』『模造品』等の語を伴って使用されている場合であっても、権利侵害又は模倣に対抗して保護が保証される」と定められています。

そして、協定の加盟国は、他の加盟国の原産地呼称を自国内でも保護すること（第1条）、原産地呼称の登録は知的所有権国際事務局が行うこと（第5条）、ある加盟国で登録された原産地呼称は普通名詞にはなりえないこと（第6条）が規定されています。

リスボン協定の決定的な問題点は、加盟国が少ないことです。２０１３年末時点でも28カ国にとどまっています。最近では、ボスニア・ヘルツェゴビナ（２０１３年）、マケドニア旧ユーゴスラビア共和国（２０１０年）などが加盟しましたが、日本は未加盟です。ドイツ、オーストリアのほか、アメリカ合衆国やイギリスも加盟していません。

コピーワインの横行

合衆国やオーストラリアなどでは、独立前からワインが造られていましたが、当初はワインの表示について、ルールは存在せず、ヨーロッパの産地名も保護されていませんでした。「シャブリ」というフランスの原産地呼称が、辛口白ワインの一般名称として使われたり、スパークリングワインの一般名称として「シャンパン」が使われたりしていました。そして、それらと真正の原産地「カリフォルニア」を併記した

	リスボン協定	TRIPS協定
	1958年10月31日	1994年4月15日
	28カ国	WTO加盟国・地域（160カ国）
	未加盟	加盟
	原産地呼称の保護および国際登録	地理的表示の保護（ワイン・蒸留酒については誤認を要件としない追加的保護）
	なし	なし
	あり	交渉中

「カリフォルニア・シャブリ」や「カリフォルニア・シャンパン」のような「**セミ・ジェネリック**」と呼ばれるワインが国内のみならず、国外へも輸出されるようになります。

フランスやEUは、このような名称の使用を阻止するべく、合衆国やオーストラリアなどと交渉を進めました。生産されたワインの多くが輸出されるオーストラリアでは、セミ・ジェネリック表記は禁止されることになりましたが、合衆国では、いまだに国内向けワインにそのような表示が認められており、そのままのラベルで日本に輸出されたり、インターネットショップのページで、セミ・ジェネリック表記のラベル写真が掲載されていたりすることもあります。

TRIPS協定による保護

1986年にGATTウルグアイ・ラウンドがスタートし、その交渉の結果、1995年に世界貿易機関（WTO）が設立され、「**知的所有権の貿易関連の側面に関する協定**」、す

表20　原産地呼称・地理的表示の保護に関する条約および協定の比較

名称	パリ条約	マドリッド協定
成立日	1883年3月20日	1891年4月14日
加盟国数	173カ国	36カ国
日本の加盟・非加盟	加盟	加盟
内容	特許、実用新案、意匠、商標、サービス・マーク、商号、原産地表示または原産地名称の保護、および不正競争の防止	原産国・原産地に関する虚偽表示および誤認を生じさせる表示の防止
誤認または混同の要件	あり	あり
地理的表示の国際登録制度	なし	なし

なわち「**ＴＲＩＰＳ協定**」（１９９４年４月15日作成、１９９５年１月１日発効）が成立しました。

この協定は、地理的表示を知的所有権の一つとして位置付け、その侵害を防止するための措置を、ＷＴＯ加盟国に義務付けています。リスボン協定に加盟していない日本や合衆国も、もちろんＷＴＯ加盟国ですので、ＴＲＩＰＳ協定に従った措置をとらなければなりません。

ＴＲＩＰＳ協定は、第22条の１で、「地理的表示」について、

> ある商品に関し、その確立した品質、社会的評価その他の特性が当該商品の地理的原産地に主として帰せられる場合において、当該商品が加盟国の領域又はその領域内の地域若しくは地方を原産地とするものであることを特定する表示

と定義しています。

そして、第22条の２では、「地理的表示に関して、加盟国は、利害関係を有する者に対し次の行為を防止するための法的手段を確保する」として、

（a）商品の特定又は提示において、当該商品の地理的原産地について公衆を誤認させるような方法で、当該商品が真正の原産地以外の地理的区域を原産地とするものであることを表示し又は示唆する手段の使用

（b）1967年のパリ条約＊1第10条の2に規定する不正競争行為を構成する使用

の防止をWTO加盟国に義務付けています。

地理的表示と抵触する商標の問題については、第22条の3において

加盟国は、職権により（国内法令により認められる場合に限る。）又は利害関係を有する者の申立てにより、地理的表示を含むか又は地理的表示から構成される商標の登録であって、当該地理的表示に係る領域を原産地としない商品についてのものを拒絶し又は無効とする。ただし、当該加盟国において当該商品に係る商標中に当該地理的表示を使用することが、真正の原産地について公衆を誤認させるような場合に限る

＊1　1883年のパリ条約は、1900年12月14日、1911年6月2日、1925年11月6日、1934年6月2日、1958年10月31日、1967年7月14日に改正、1979年9月28日に修正。

としています。

なお、これらの規定に基づく保護は、「地理的表示であって、商品の原産地である領域、地域又は地方を真正に示すが、当該商品が他の領域を原産地とするものであると公衆に誤解させて示すものについて適用することができるものとする」とされています。

このように第22条の規定は、ワインに限らず、すべての商品の地理的表示の保護を目指したものですが、「地理的原産地について公衆を誤認させるような方法」での表示の防止にとどまっています。

従って、例えば日本のチーズに「ロックフォール・チーズ」と表示することは禁止されなければなりませんが、「ロックフォールタイプの北海道産チーズ」と表示する行為は、真正の原産地「北海道」が示されている以上、原産地について公衆を誤認させるものとはいえないため、禁止の対象外となります。

ワインの地理的表示の追加的保護

他方で、ＴＲＩＰＳ協定第23条の1は、ワインと蒸留酒の地理的表示について、一般の商品よりも強い追加的保護を与えています。

> 加盟国は、利害関係を有する者に対し、真正の原産地が表示される場合又は地理的表示が翻訳された上で使用される場合若しくは『種類』、『型』、『様式』、『模造品』等の表現を伴う場合においても、ぶどう酒又は蒸留酒を特定する地理的表示が当該地理的表示によって表示されている場所を原産地としないぶどう酒又は蒸留酒に使用されることを防止するための法的手段を確保する

ここには、先ほど引用したリスボン協定第3条の規定と、ほぼ同一の意味の文言が盛り込まれています。なお、この条項には、「加盟国は、これらの法的手段を確保する義務に関し（中略）民事上の司法手続に代えて行政上の措置による実施を確保することができる」という注が付されています。

前述のように一般の食品・農産物については、「ロックフォールタイプの北海道産チーズ」という表現であっても、真正の原産地が表示されており、公衆を誤認させるものではないため許されると考えられますが、ワインと蒸留酒については、この追加的保護により、「シャンパーニュ方式の長野県産ワイン」という表示も禁止されることになります。

また、シャンパーニュの翻訳である「シャンパン」、「シャンペン」といった表示や、「シャンパン製法」、「イミテーション・シャンパン」、「偽シャンパン」のような表示も、公衆を誤認させる可能性があるかどうかに関係なく禁止されます。

禁止されているのは、ワインと蒸留酒にその地理的表示が付される場合ですので、これら以外の産品について「シャンパン」の表示を使用することは、文言上は可能なようにも思われます。しかし、かつて「ソフト・シャンパン」という名称で販売されていた日本のソフトドリンクが、フランス政府の要請を受けて「シャンメリー」に名称を変更したように、ワイン以外の品目であっても、二国間で問題となるケースは少なくありません。

TRIPS協定第23条の2は、ワインの商標について、

一のぶどう酒又は蒸留酒を特定する地理的表示を含むか又は特定する地理的表示から構成される商標の登録であって、当該一のぶどう酒又は蒸留酒と原産地を異にするぶどう酒又は蒸留酒についてのものは、職権により（加盟国の国内法令により認められる場合に限る。）又は利害関係を有する者の申立てにより、拒絶し又は無効とする。

と定めています。

もし、ワインの商標として、「塩尻マルゴー」、「北信シャブリ」、「余市シャンベルタン」のようなものが登録されていた場合、その商標は無効とされることになります。

世界各国に無数のワイン産地があります。偶然、その産地名が同一であったり、酷似していたりすることもあります。そこで、TRIPS協定第23条の3は、複数のワインの地理的表示が同一の表示である場合には、公衆の誤認を生じさせるものではないことを条件として、それぞれの地理的表示に保護を与えることとしました。そして、「各加盟国は、関係生産者の衡平《こうへい》な待遇及び消費者による誤認防止の確保の必要性を考慮し、同一である地理的表示が相互に区別されるような実際的条件を定める」としています。

TRIPS協定第23条の4は、

> ぶどう酒の地理的表示の保護を促進するため、ぶどう酒の地理的表示の通報及び登録に関する多数国間の制度であって、当該制度に参加する加盟国において

保護されるぶどう酒の地理的表示を対象とするものの設立について、貿易関連知的所有権理事会において交渉を行う。

と定めています。ワインの地理的表示の保護を全WTO加盟国で徹底するためには、ほかの加盟国の地理的表示に関する情報が不可欠です。そこで、登録されている地理的表示を他国に周知する制度が必要となるわけですが、地理的表示の保護に消極的な加盟国もあり、加盟国間の交渉は進んでおらず、そのような制度が発足するには至っていません。

加えて、TRIPS協定第24条の4は、

加盟国の国民又は居住者が、ぶどう酒又は蒸留酒を特定する他の加盟国の特定の地理的表示を、(a) 1994年4月15日前の少なくとも10年間又は(b)同日前に善意で、当該加盟国の領域内においてある商品又はサービスについて継続して使用してきた場合には、この節のいかなる規定も、当該加盟国に対し、当該国民又は居住者が当該地理的表示を同一の又は関連する商品又はサービスについて継続してかつ同様に使用することを防止することを要求するものでは

――ない。

と規定しています。

ここで問題となるのが、前述した「セミ・ジェネリック」です。「カリフォルニア・シャンパン」などの表記は、以前からの合衆国の慣行であり、合衆国の国内法も認めてきたものでした。ＴＲＩＰＳ協定発効後も、合衆国はその使用の防止を義務付けられておらず、セミ・ジェネリックの使用の継続が認められています。

ＥＵ側は、合衆国との二国間交渉を進める中で、その使用禁止を合衆国側に要求していますが、合衆国のワイン業界は、この既得権を死守すべくロビー活動を展開しているようです。

日本の措置と今後の課題

日本における行政的措置

日本は、パリ条約やマドリッド協定に加盟していますが、リスボン協定には加盟していませんでした。しかし、日本はＷＴＯ加盟国であり、ＴＲＩＰＳ協定の国内実施を義務付けられています。そこで日本もＴＲＩＰＳ協定に従い、地理的表示の保護が国内法に規定されることになりました。

まず、ＴＲＩＰＳ協定第23条の１で、法的手段または行政的措置がＷＴＯ加盟国に義務付けられたことに伴い、日本でとられた行政的措置、それが、これまで何度も出てきた１９９４（平成６）年12月28日の国税庁告示「地理的表示に関する表示基準を定める件」です。翌年７月１日に施行されました。

その内容は、すでに紹介したとおりですが、あらためて引用すると、日本国のぶどう酒若しくは蒸留酒の産地のうち国税庁長官が指定するものを表示する地理的表示又は世界貿易機関の加盟国のぶどう酒若しくは蒸留酒の産地を表示する地理的表示のうち当該加盟国において当該産地以外の地域を産地とするぶどう酒若しくは蒸留酒について使用することが禁止されている地理的表示は、当該産地以外の地域を産地とするぶどう酒又は蒸留酒について使用してはならない

という形で地理的表示の保護を定めています。

また、「当該酒類の真正の原産地が表示される場合又は地理的表示が翻訳された上で使用される場合若しくは『種類』、『型』、『様式』、『模造品』等の表現を伴う場合」も、表示は禁止されます。

ただし、「ぶどう酒又は蒸留酒を特定する世界貿易機関の他の加盟国の特定の地理的表示を、平成6年4月15日前の少なくとも10年間又は同日前に善意で、当該加盟国の領域内においてぶどう酒又は蒸留酒について継続して使用してきた場合」または「原産国において保護されていない若しくは保護が終了した地理的表示又は当該原産国において使用されなくなった地理的表示である場合」は、表示が認められ

ます。

商標法の改正

次に、この行政的措置に加え、ＴＲＩＰＳ協定第23条の２の対応措置として、商標法第４条第１項に以下の規定が新設されました（第４条第１項第17号）。

> 日本国のぶどう酒若しくは蒸留酒の産地のうち特許庁長官が指定するものを表示する標章又は世界貿易機関の加盟国のぶどう酒若しくは蒸留酒の産地を表示する標章のうち当該加盟国において当該産地以外の地域を産地とするぶどう酒若しくは蒸留酒について使用をすることが禁止されているものを有する商標であつて、当該産地以外の地域を産地とするぶどう酒又は蒸留酒について使用をするもの

は、「商標登録を受けることができない」。

ただし、この規定の中で、「特許庁長官が指定するもの」という部分は、ＴＲＩＰＳ協定の義務に対応したものではありません。しかし、「外国の産地名の保護だけ

では片務的ではないか」、「日本にも保護すべき産地名があるのではないか」という声が起こったため、これに配慮して加えられたもののようです（『知的財産法制と国際政策』高倉成男著　有斐閣より引用）。

２０１３（平成25）年7月16日の国税庁長官による地理的表示「山梨」の指定を受けて、同月26日、特許庁長官は産地「山梨県」を、この商標法第４条第１項第17号の規定に基づく「ぶどう酒」の産地として指定しました。

そこでは産地を表示する標章として、「山梨」が挙げられていますが、「産地を表示する標章の欄に掲げた『山梨』は当該標章の例示にすぎない」と明記されていることから、「やまなし」、「ヤマナシ」、「YAMANASHI」といった標章も含まれるものと考えられます。

他方で、商標法第４条第３項では、「第17号（中略）に該当する商標であっても、商標登録出願の時に当該各号に該当しないものについては、これらの規定は、適用しない」とされています。従って、地理的表示「山梨」が指定される日以前に登録されていた商標は、「山梨」の生産基準に適合しないワインであっても、影響を受けません。

また、もし将来、新たな地理的表示として「北海道」が指定された場合も、例えば「北海道ワイン」というワインの商標は、その指定前に登録されたものであれば、定められる生産基準にかかわらず、やはり使用の継続が認められます。

地理的表示「山梨」の指定から半年後、「株式会社山梨ワイン」が「株式会社くらむぼんワイン」に社名を変更したため、地理的表示に指定されると、商標の使用が困難になるのではないかと心配する事業者もあったようですが、商標法上は、使用の継続が認められているのです。

ＯＩＶへの加盟は必須

ワイン市場のグローバル化が進んでくると、地理的表示の国際的保護とともに、ワインの国際基準の確立も避けることができません。

ワインの国際基準の確立において、重要な役割を担ってきた国際機関が、ほかならぬＯＩＶ、すなわち「国際ブドウ・ワイン機構」でした。すでに述べたように、ＯＩＶは１９２０年代に「国際ワイン事務局」として設立され、２００１年に改組されて現在の名称になりました。

現在、ＯＩＶはブドウ、ワイン、ワインを原料とする飲料、ブドウを原料とする産品に関する学術的・技術的な性格を持つ国際機関として活動しています。本部はパリ。２０１３年末現在で、加盟国数は45カ国です（現在加盟手続き中のウズベキスタンやアルメニアを合わせると47カ国）。

ＯＩＶには世界の主要生産国が加盟しています。ＯＩＶ加盟国のワイン生産量は全世界の85パーセント、加盟国のワイン輸出量は全世界の90パーセントを占めていますが、生産量・消費量のいずれも多い合衆国や中国は加盟していません。アジアでは、インドが最初の加盟国となりました。日本は、かつてオブザーバーとして参加していたこともありますが、いまだに加盟していません。

ＯＩＶは、ブドウ栽培、ワイン醸造、ワインの定義、ラベル表示やコンクールに関する規範の定立や国際的調和に努めることを任務としています。従って、ＯＩＶの基準こそが、まさしくグローバル・スタンダードになっているのです。ＥＵワイン法も、ワイン醸造法についてＯＩＶ基準を参照しているほか、ＯＩＶなどの機関で登録されたブドウ品種でなければ、ＥＵ市場ではラベルに表示できないと規定しています。このため、日本ワインのＥＵ向け輸出に当たり、甲州種やマスカット・ベーリーＡをＯＩＶの品種リストに登録することが必要となったのです。

実は60年以上も前から、日本の主要ワインメーカーはＯＩＶへの加盟を希望してきました。１９８９年には、日本ワイナリー協会、北海道、山形県、長野県、山梨県のワイン酒造組合・業界団体が、それぞれ酒類の主管官庁である国税庁長官に宛てて、日本のＯＩＶへの加盟要望書を提出しています（「ワインの貿易に係る諸規制」高橋梯二＝戸塚昭著　日本醸造協会誌１０６巻10号）。日本がワイン生産国として世界に認められるためには、ＯＩＶへの加盟は必須であるといえます。

日本の課題

ワイン市場がグローバル化する中で、国際基準に適合したワイン造りのルールが求められており、原産地の保護についても、国内法によるものでは不十分で、国際的な統制が不可欠となっています。ワインの消費国であると同時に、生産国である日本でも、ワイン法の整備は避けることのできない状況になっています。

それでは、政府や関係省庁がワイン法の制定に消極的な中で、どのようにして日本のワイン法を整備していったらよいのでしょうか。本書を締めくくるに当たって、次の二つを提案しておきたいと思います。

第一は、国内で生産されるすべてのワイン、そして輸入ワインにも適用される「ナショナルなワイン法」の整備です。ラベル表示の基準、地理的表示の保護手続き、ワインの定義といった事項については、ナショナルなレベルで適用され、法的拘束力を持つルールが必要です。そして、そのルールは可能な限り国際基準に対応したものであることが望まれます。

現状ではワインの法律上の定義が欠如しているだけでなく、ラベル表示のルールも業界自主基準にとどまっており、基準に適合しないラベルを付したワインが少なからず流通しています。その基準の内容にしても、国際基準から見たら、まだまだ改善の余地があります。

近年、日本のワイナリー数は大きく増加する傾向にあります。他事業からの新規参入も少なくありません。栽培・醸造についてきちんと学ぶことなく、いきなりワインを造り始めても、よいワインはできません。今のうちに法的拘束力を持った最低限のルールを定めておかなければ、国際社会では、とても通用し得ない商品が横行したり、消費者の誤認を招くラベル表示が多数出現したりする恐れがあります。

そして第二は、地理的表示を積極的に活用し、ワイン産地ごとに、地域の慣行や実情を踏まえた「ローカルなワイン法」を整備することです。地理的表示の生産基準の遵守は、その産地名を表示するための必須の条件となりますので、実質的なワイン法として機能するのです。

たとえ「ナショナルなワイン法」の整備が遅れている状況にあっても、地理的表示が保護され、その産地固有の生産基準に適合したワインだけが、産地名を名乗ることができる仕組みが確立していれば、消費者は、その産地のワインを安心して買うことができ、産地の評価を維持することができます。

特にワイナリーの新設が相次いでいる産地では、「ナショナルなワイン法」の整備を待っていたら、手遅れになってしまいますので、評価を維持するためにも、今すぐ「ローカルなワイン法」の確立、すなわち地理的表示の指定を受ける手続きに着手しなければなりません。

フランスでは432、イタリアでは521、ギリシャでも147ものワインの地理的表示が指定されています(2011年12月末現在)。日本にも、フランス、イタリア、ギリシャなどに負けない、優れたワインを産出するワイン産地が、全国各地に存在するのではないでしょうか。「山梨」が長官指定産地の第一号となりましたが、これに続いて多くのワイン産地が地理的表示に指定されることが望まれます。

あとがき

本書の脱稿後、一つの法案が閣議決定され、国会に提出されました。「特定農林水産物等の名称の保護に関する法律案」、いわゆる地理的表示保護法です。その条文を見てみると、日本版AOC法とでもいうべき内容で、EUワイン法の心臓部である地理的表示の諸規定と類似した部分が数多く散見されます。法案では、「農林水産物、飲食料品、農林水産物を原料又は材料として製造し、又は加工したもの」が対象となっていますが、ワインをはじめとする酒類は対象外です。すでに国税庁長官による酒類の地理的表示の指定制度が定められているからでしょう。対象となる産品が限定されているとはいえ、EU法をモデルに、地理的表示を法律によって保護する仕組みが日本でも確立されつつあることは、画期的なことです。

長らく「日本にはワイン法がない」と言われてきました。筆者も、繰り返し「ワイン法の不在」を強調してきました。しかし、数年前から、必ずしもそのようには断言できないのではないかと思うようになりました。そのきっかけは、山梨県産ワインがEU諸国に向けて本格的に輸出される段階になって、さまざまな法的障壁が明らかになり、それに対する一連の対応策が取られるようになったことです。

日本のワインをEUに輸出するにしても、EUワイン法の基準を遵守して造られたワインでなければ輸出は認められません。またEUにおいては、OIVに登録された品種でなければ品種名が表示できず、地理的表示に指定され、保護されている産地名でなければ、それを表示できません。それらの表示を可能にするための措置として、甲州やマスカット・ベーリーAのOIVへの登録、国税庁長官による地理的表示「山梨」の指定が行われたところです。とりわけ後者は、日本で初めて法令上の保護を受けるワイン産地が誕生したことを意味するものであり、日本のワイン法の第一歩となる重要な出来事だと筆者は考えています。

本書で詳しく論じたように、ワインは、ブドウ畑の取得から栽培、醸造、流通、消費に至るまで、さまざまな過程で法に関わります。その一連の過程の中で、最も重要なのが、地理的表示、あるいは伝統的なフランスの用語を使えば、原産地呼称の統制・管理だといってよいでしょう。今のところ、国内で地理的表示に指定されているのは「山梨」だけですが、ほかの道県においても、指定に向けた動きが見られるようです（例えば、北海道における申請の動きにつき、北海道新聞「どうしんウェブ」2014年3月5日参照）。

今回の地理的表示保護法が成立すれば、その法律が直接適用される農産物・水産物の地理的表示だけでなく、間接的に、ワインの地理的表示にとっても、追い風となることは間違いありません。仮に「ワイン法」という名称の法律が存在しなくとも、主要なワイン産地が地理的表示に指定され、それぞれの産地で生産基準が定められれば、日本にも実質的な意味でワイン法が存在しているということができるでしょう。

もちろん、産地のルールさえあればよいというわけではありません。ラベル表示の基準、ワインの定義など、産地にかかわらず、全国で統一しておくべき事項もあります。さらに、栽培・醸造のルールについては、できるだけ主要生産国の基準と足並みをそろえておくことが望まれます。ワインは言うまでもなく国際商品であり、簡単に国境を越えて取引されています。本書で繰り返し述べてきたように、「ジャパニーズ・オンリー」で、グローバル・スタンダードとは乖離したルールの下でワインを造っていても、世界的なワイン生産国として認められることは不可能です。世界に通用するワイン法でありながら、日本にふさわしいワイン法とは、一体何なのか、現在のルールのどこに問題があり、どう改めたらよいのか等々、日本のワイン法のあり方を考えるに際して、本書が少しでも役立ち得るとすれば、筆者の欣快とするところです。

日本において、早くからワイン法制定の必要性を主張されてきたのは、弁護士の山本博先生でした。これまで筆者がワイン法の研究・教育を続けることができたのは、山本先生から多大な知的刺激を与えられ、激励され、その熱意に支えられてきたからにほかなりません。その山本先生および高橋梯二先生（東京大学大学院非常勤講師）との共著で、２００９年には、『世界のワイン法』（日本評論社）を上梓する機会を与えられました。日本初のワイン法概説書ということで、幸運にも、業界関係者やワイン愛好家など、多くの方に読んでいただける本となりました。ただ、概説書とはいえ、その内容は必ずしも平易とは言いがたく、初学者、とりわけ明治学院大学の教え子たちには補足的な説明を必要とすることも少なくありませんでした。

本書は、２０１３年12月から２０１４年1月にかけて、フード&ワインジャーナリストの鹿取みゆきさんとともに担当した、アカデミー・デュ・ヴァン青山校における初学者向け入門書の必要性の講義がきっかけとなっています。講義の準備をしながら、いよいよ初学者向け入門書の必要性を痛感し、執筆に取り掛かりたいと考えていたところ、そのことを知った鹿取さんが直ちに虹有社の中島伸さん・規美代さん夫妻に連絡をされ、即座に出版が決まりました。出版事情の大変厳しい中、本書の刊行を快く引き受けていただいた中島夫妻、そして、ご紹介いただいた鹿取さんには心より感謝申し上げます。とりわけ、中島規美代さんには、数週間で一気に書き上げた拙い原稿を丁寧にチェックしていただき、本書の構成から脚注に至るまで、さまざまなアドバイスを頂戴しました。この場を借りて厚く御礼申し上げます。

東京・白金台の研究室にて
２０１４年6月
蛯原健介

参考文献　ワイン法について、詳しく勉強しようという方におすすめする図書・論文です（著者名の五十音、アルファベット順で掲載）。

【ワイン法に関する文献】

・石井圭一「生産過剰下の産地再編成―フランスにおけるテーブルワインの場合」『人間と社会』2号（東京農工大学、１９９１）

・蛯原健介「ワインの生産および流通における法的統制―ＥＵ法・フランス法の紹介を中心として」『法学研究』81号（明治学院大学、２００７）

・蛯原健介「ワインの名称と知的財産権―フランスにおける商標登録をめぐる問題を中心として」『法学研究』82号（明治学院大学、２００７）

・蛯原健介「ＥＣにおける物の自由移動とワインの原産地呼称」『明治学院大学法科大学院ローレビュー』６号（２００７）

・蛯原健介「フランスにおけるＡＯＣワインをめぐる行政訴訟とＥＣ法」『法学研究』83号（明治学院大学、２００７）

・蛯原健介「ＥＵワイン改革に関する２００６年欧州委員会報告書―持続可能なワイン部門に向けて」『明治学院大学法科大学院ローレビュー』８号（２００８）

・蛯原健介「ＥＵワイン改革の背景―共通市場制度に関する理事会規則の提案理由」『法学研究』85号（明治学院大学、２００８）

・蛯原健介「理事会規則４７９／２００８号におけるＥＵ産ワインの表示に関する規制―原産地呼称・地理的表示の保護を中心として」『法学研究』86号（明治学院大学、２００９）

・蛯原健介＝大村真樹子「欧州共同体におけるワイン産業の持続可能性と共通市場制度改革―消費動向および生産調整制度に関する分析」『法学研究』87号（明治学院大学、２００９）

・蛯原健介「欧州共同体におけるワインラベル表示規制の改革について―欧州委員会規則６０７／２００９の概要とその意義」『法学研究』88号（明治学院大学、２０１０）

・蛯原健介「山梨県産ワインの輸出に関するＥＵ法上の諸問題―ラベル表示規制の紹介を中心として」『明治学院大学法科大学院ローレビュー』13号（２０１０）
・蛯原健介「日本におけるワイン法制定に向けた検討課題―ＥＵワイン法から何を学ぶか」『法律科学研究所年報』27号（明治学院大学、２０１１）
・蛯原健介「ワイン法の立法構想に関する若干の提言―日本のワイン産業・農業を支えるために必要な規定について」『法学研究』91号（明治学院大学、２０１１）
・蛯原健介「フランスにおけるワイン市場統制法とＥＵ共通市場制度」、安江則子編『ＥＵとフランス―統合欧州のなかで揺れる三色旗』（法律文化社、２０１２）所収
・蛯原健介「連載・事例から学ぶワイン法（1～連載中）」『ワイナート』57号～（美術出版社、２０１０～）
・小阪田嘉昭「国産ワインの表示に関する基準」『日本醸造協会誌』１０１巻10号（日本醸造協会、２００６）
・齋藤浩＝望月太「ワイン産地として地理的表示『山梨』が指定される」『日本醸造協会誌』１０９巻2号（日本醸造協会、２０１４）
・高橋梯二「解題―フランスワインの原産地呼称制度」『のびゆく農業』９４７号（農政調査委員会、２００４）
・高橋梯二＝池戸重信『食品の安全と品質確保　日米欧の制度と政策』（農山漁村文化協会、２００６）
・高橋梯二「解題―フランス原産地呼称に関する法制度の発展」『のびゆく農業』９８３号（農政調査委員会、２００９）
・高橋梯二＝宇都宮仁「解題―アメリカのワイン法の概要」『のびゆく農業』９９８号（農政調査委員会、２０１１）
・高橋梯二＝戸塚昭「ワインの貿易に係る諸規制」『日本醸造協会誌』１０６巻10号（日本醸造協会、２０１１）
・高橋梯二「オーストラリアのワイン法」『日本醸造協会誌』１０７巻6号（日本醸造協会、２０１２）
・高橋梯二「ワインの地理的表示『山梨』の意義　ワインづくりの思想の形成と国際的枠組みへの参入」『日本醸造協会誌』１０９巻1号（日本醸造協会、２０１４）
・竹中克行＝齊藤由香『スペインワイン産業の地域資源論　地理的呼称制度はワインづくりの場をいかに変えたか』（ナカニシヤ出版、２０１０）

・長谷川聡哲「ＥＣのワインと共通農業政策―フランスとイタリアのワイン戦争の背景」『海外事情』32巻3号（拓殖大学海外事情研究所、１９８４）
・村上安生「国際的視点からみたワインに関する日本の法的規制について」『日本醸造協会誌』１０２巻5号（日本醸造協会、２００７）
・安田まり「ＥＵの「ワイン共通市場制度（ＯＣＭ）」の歩みと２００8年の大改革」『日本醸造協会誌』１０４巻10号（日本醸造協会、２００９）
・安田まり「ＥＵワイン改革とワイン法」『ＡＳＥＶ日本ブドウ・ワイン学会誌』20巻1号（ＡＳＥＶ日本ブドウ・ワイン学会、２００９）
・安田まり「フランスワインにおける『アペラシオン・ドリジーヌ・コントロレ』の意義の変化」『法律科学研究所年報』27号（明治学院大学、２０１１）
・安田まり「フランスの歴史から振り返るワイン産地の突破力（１～５・最終回）」『Sommelier』１３１～１３５号（日本ソムリエ協会、２０１３）
・山本博＝高橋梯二＝蛯原健介『世界のワイン法』（日本評論社、２００９）

【その他ワインや法律に関する文献】

・麻井宇介『比較ワイン文化考　教養としての酒学』（中央公論社、１９８１）
・麻井宇介『日本のワイン・誕生と揺籃時代　本邦葡萄酒産業史論攷』（日本経済評論社、１９９２）
・麻井宇介『ワインづくりの思想　銘醸地神話を超えて』（中央公論新社、２００１）
・荒木雅也「ＥＣにおける地理的呼称保護」『高崎経済大学論集』47巻2号（２００４）
・荒木雅也「地理的表示に関する国際交渉」『高崎経済大学論集』47巻3号（２００４）
・荒木好文『図解ＴＲＩＰＳ協定』（発明協会、２００１）

・安蔵光弘『等身大のボルドーワイン』（醸造産業新聞社、２００７）
・石井もと子監修・著『日本のワイナリーに行こう２０１３』（イカロス出版、２０１２）
・ジェームズ・E・ウィルソン（川本祥史監修・監訳、中濱潤子ほか訳）『テロワール 大地の歴史に刻まれたフランスワイン』（ヴィノテーク、２０１０）
・蛯原健介「ワイン─伝統と品質」三浦信孝＝西山教行編『現代フランス社会を知るための62章』（明石書店、２０１０）所収
・遠藤誠監修『必携 ワイン基礎用語集』（柴田書店、２０１１）
・大塚謙一＝山本博編『翔べ日本ワイン 現状と展望』（料理王国社、２００４）
・大塚謙一ほか監修・執筆『新版 ワインの事典』（柴田書店、２０１０）
・小阪田嘉昭監修・佐藤秀良＝須藤海芳子＝河清美編『フランスAOCワイン事典』（三省堂、２００９）
・鹿取みゆき『日本ワインガイド 純国産ワイナリーと造り手たち』（虹有社、２０１１）
・ジルベール・ガリエ（八木尚子訳）『ワインの文化史』（筑摩書房、２００４）
・川頭義之『イタリアワイン最強ガイド』（文藝春秋、２００５）
・ジェイミー・グッド（梶山あゆみ訳）『ワインの科学』（河出書房新社、２００８）
・ドン・クラドストラップ＝ペティ・クラドストラップ（平田紀之訳）『シャンパン歴史物語 その栄光と受難』（白水社、２００７）
・マット・クレイマー（塚原正章＝阿部秀司訳）『ワインがわかる』（白水社、１９９４）
・古賀守『ワインの世界史』（中央公論社、１９７５）
・古賀守『優雅なるドイツのワイン』（創芸社、１９９７）
・ジャン＝フランソワ・ゴーティエ（八木尚子訳）『ワインの文化史』（白水社、１９９８）
・後藤晴男『パリ条約講話［TRIPS協定の解説を含む］（第13版）』（発明協会、２００８）
・リズ・サッチ＝ティム・マッツ編（横塚弘毅ほか監訳）『ワインビジネス ブドウ畑から食卓までつなぐグローバル戦略』（昭和堂、２０１０）

・渋谷達紀『知的財産法講義〈3〉第2版』（有斐閣、2008）
・庄司克宏『新EU法 基礎篇』（岩波書店、2013）
・ヒュー・ジョンソン（小林章夫訳）『ワイン物語 芳醇な味と香りの世界史』〈上〉〈中〉〈下〉（平凡社、2008）
・ヒュー・ジョンソン＝ジャンシス・ロビンソン（山本博監修・大田直子ほか訳）『地図でみる図鑑 世界のワイン（第6版）』（産調出版、2008）
・デズモンド・スアード（朝倉文市＝横山竹己訳）『ワインと修道院』（八坂書房、2011）
・須藤海芳子『フランスワイン33のエピソード』（白水社、2011）
・関根彰『ワイン造りのはなし 栽培と醸造』（技報堂出版、1999）
・高倉成男『知的財産法制と国際政策』（有斐閣、2001）
・滝沢正『フランス法（第4版）』（三省堂、2010）
・辻泰一郎「15世紀末帝国ワイン条例の成立」、渡辺節夫編『ヨーロッパ中世の権力編成と展開』（東京大学出版会、2003）所収
・ロジェ・ディオン（福田育弘訳）『ワインと風土 歴史地理学的考察』（人文書院、1997）
・ロジェ・ディオン（福田育弘＝三宅京子＝小倉博行訳）『フランスワイン文化史全書 ぶどう畑とワインの歴史』（国書刊行会、2001）
・ジョージ・M・テイバー（葉山考太郎＝山本侑貴子訳）『パリスの審判 カリフォルニア・ワインvs.フランス・ワイン』（日経BP社、2007）
・東原和成＝佐々木佳津子＝伏木亨＝鹿取みゆき『においと味わいの不思議 知ればもっとワインがおいしくなる』（虹有社、2013）
・富川泰敬『図解 酒税〈平成25年版〉』（大蔵財務協会、2013）
・オリビエ・トレス（亀井克之訳）『ワイン・ウォーズ：モンダヴィ事件 グローバリゼーションとテロワール』（関西大学出版部、2009）

・内藤恵久「地理的表示の保護について―EUの地理的表示の保護制度と我が国への制度の導入」『農林水産政策研究』20号（農林水産政策研究所、2013）
・内藤道雄『ワインという名のヨーロッパ ぶどう酒の文化史』（八坂書房、2010）
・中西優美子『法学叢書 EU法』（新世社、2012）
・中村紘一ほか監訳『フランス法律用語辞典（第3版）』（三省堂、2012）
・中村民雄＝須網隆夫編『EU法基本判例集（第2版）』（日本評論社、2010）
・野村啓介『フランス第二帝制の構造』（九州大学出版会、2002）
・蓮見よしあき『ゼロから始めるワイナリー起業』（虹有社、2013）
・原田喜美枝「日本のワインとワイン産業」『商学論纂』55巻3号（中央大学商学研究会、2014）
・フリッツ・ハルガルテン（斉藤正美訳）『ワイン・スキャンダル』（三一書房、1989）
・ジャン＝ロベール・ピット（大友竜訳）『ボルドーvs.ブルゴーニュ せめぎあう情熱』（日本評論社、2007）
・ジャン＝ロベール・ピット（幸田礼雅訳）『ワインの世界史 海を渡ったワインの秘密』（原書房、2012）
・堀賢一『ワインの自由』（集英社、1998）
・堀賢一『ワインの個性』（ソフトバンク クリエイティブ、2007）
・前田琢磨『葡萄酒の戦略 ワインはいかに世界を席巻するか』（東洋経済新報社、2010）
・ジェラール・マルジョン（守谷てるみ訳）『100語でわかるワイン』（白水社、2010）
・三宅智子「日本のボジョレーヌーヴォー市場動向に関する一考察」『法律科学研究所年報』26号（明治学院大学、2010）
・山口俊夫『概説フランス法』（上・下）（東京大学出版会、1978・2004）
・山口俊夫編『フランス法辞典』（東京大学出版会、2002）
・山下範久『ワインで考えるグローバリゼーション』（NTT出版、2009）
・山本博『シャンパンのすべて』（河出書房新社、2006）

・山本博『ワインが語るフランスの歴史』（白水社、２００９）
・山本博『ワインの歴史 自然の恵みと人間の知恵の歩み』（河出書房新社、２０１０）
・山本博『新・日本のワイン』（早川書房、２０１３）

【教本・報告書など】

・知的財産研究所『地理的表示・地名等に係る商標の保護に関する調査研究報告書―平成22年度特許庁産業財産権制度問題調査研究報告書』（２０１１）
・日本国際知的財産保護協会『諸外国の地理的表示保護制度及び同保護を巡る国際的動向に関する調査研究―平成23年度産業財産権制度各国比較事業報告書』（２０１２）
・日本ソムリエ協会『日本ソムリエ協会 教本〈２０１４〉』（２０１４）
・日本貿易振興機構（ジェトロ）パリ・センター『平成22年度フランスにおける農林水産物等に関する知的財産保護の取り組み―地理的名称の適用を中心に』（２０１１）
・日本ワインを愛する会『日本ワイン検定公式テキスト』（２０１１）
・日本ワインを愛する会『日本ワイン検定公式テキスト 上級編』（２０１２）
・農林水産政策研究所『地理的表示の保護制度について―ＥＵの地理的表示保護制度と我が国への制度の導入―研究報告書』（２０１２）
・ＴＭＩ総合法律事務所『平成19年度経済産業省委託事業・知的財産の適切な保護に関する調査研究―東アジア大における不正競争及び原産地等に係る表示に関する法制度の調査研究報告―欧米豪の法制度との対比において』（２００８）

【海外の文献】

・Jean-Marc Bahans et Michel Menjucq, Droit de la vigne et du vin : Aspects juridiques du marché vitivinicole, 2e édition, Lexis Nexis, 2010
・CAHD et CERDAC, Histoire et actualités du droit viticole : La Robe et le Vin, Féret, 2010
・CERDAC et CAHD, Les pouvoirs publics, la vigne et le vin : Histoire et actualités du droit, Féret, 2008
・Jean Clavel, Mondialisation des vins : Vins INOQ ou vin OMC ?, Féret, 2008
・Dominique Denis, Appellation d'origine et indication de provenance, Dalloz, 1995
・Jean-Pierre Déroudille, Le vin face à la mondialisation, Dunod, 2008
・Sylvie Diart-Boucher, La réglementation vitivinicole champenoise : Une superposition de règles communautaires, nationales et locales, L'Harmattan, 2007
・Geneviève Gavignaud-Fontaine et al, Vin et République : 1907-2007, L'Harmattan, 2009
・Jean-Claude Hinnewinkel, Les Terroirs Viticoles : Origines et Devenirs, Féret, 2004
・Jean-Claude Hinnewinkel, C. Le Gars, Les territoires de la vigne et du vin, Féret, 2002
・Olivier Jacquet, Un siècle de construction du vignoble bourguignon : Les organisations vitivinicoles de 1884 aux AOC, Editions Universitaires de Dijon, 2009
・Jean-Christian Lamborelle et Julien Pillot, Le code du vin, Causse Editions, 1999
・Caroline Le Goffic, La protection des indications géographiques : France - Union européenne - Etats-Unis, Litec, 2011
・Norbert Olszak, Droit des appellations d'origine et indications de provenance, Tec & Doc Lavoisier, 2001
・Andy Smith et al, Vin et politique : Bordeaux, la France, la mondialisation, Les Presses de Sciences Po, 2007
・Serge Wolikow et Olivier Jacquet (dir), Territoires et terroirs du vin du XVIIIe au XXIe siècles : Approche internationale d'une contruction historique, Editions Universitaires de Dijon, 2011

はじめての ワイン法
Introduction au droit viti-vinicole

2014年9月1日　第1刷発行
2016年8月2日　第2刷発行

著者　蛯原 健介

装丁・デザイン　菅家 恵美
地図・イラスト　小林 哲也

発行者　中島 伸
発行所　株式会社 虹有社《こうゆうしゃ》
〒112-0011 東京都文京区千石4-24-2-603
電話 03-3944-0230
FAX. 03-3944-0231
info@kohyusha.co.jp
http://www.kohyusha.co.jp/

印刷・製本　シナノ印刷株式会社

ISBN978-4-7709-0063-0